葡萄贮藏保鲜与加工技术

主　编
高海生　柴菊华
副主编
孙世贤　王爱军　王保海
编著者
（以姓氏笔画为序）
王爱军　王保海　孙世贤
孙世卫　汤红兵　柴菊华
高海生　商文生

金盾出版社

内 容 提 要

本书是由河北科技师范学院高海生教授等编著。书中主要介绍了影响葡萄果实品质的因素、葡萄贮藏前的商品化处理、葡萄的采后损耗及其控制、葡萄贮藏保鲜技术及贮藏保鲜期间的病害防治技术等知识以及葡萄果汁饮料生产技术、葡萄果脯蜜饯制品生产技术、葡萄缺罐藏品生产技术、葡萄干制品生产技术、家庭自酿葡萄酒技术与葡萄加工副产物的综合利用技术。该书技术先进，科学实用，易于掌握和操作，适合各食品生产企业、基层农业科技工作者、大中专院校相关专业的师生以及广大果农阅读参考。

图书在版编目(CIP)数据

葡萄贮藏保鲜与加工技术/高海生，柴菊华主编．—北京：金盾出版社，2009.6

ISBN 978-7-5082-5705-1

Ⅰ．葡…　Ⅱ．①高…②柴…　Ⅲ．①葡萄—食品贮藏②葡萄—食品保鲜③葡萄—食品加工　Ⅳ．S663.109

中国版本图书馆 CIP 数据核字(2009)第 051784 号

金盾出版社出版、总发行

北京太平路 5 号(地铁万寿路站往南)

邮政编码：100036　电话：68214039　83219215

传真：68276683　网址：www.jdcbs.cn

封面印刷：北京印刷一厂

正文印刷：北京万博诚印刷有限公司

装订：北京万博诚印刷有限公司

各地新华书店经销

开本：850×1168 1/32　印张：5.375　字数：131 千字

2013 年 2 月第 1 版第 4 次印刷

印数：20 001～24 000 册　定价：9.00 元

前　言

葡萄产量在世界各种水果产量上位居第二位，仅次于柑橘。在我国，葡萄产量排在第五位。但由于果实采收期相对集中，果实本身又不耐贮藏，采后包装不当，贮、运技术差，市场营销能力低，加工处理不及时等因素，致使果农损失严重。造成果农丰产不丰收，不但不能体现应有的商品价值，而且还会带来不应有的损失。

当前，葡萄生产中存在的主要问题，一是葡萄质量得不到保证；二是贮运保鲜技术落后；三是加工能力低下，不能形成系列产品，产品质量没有保障。葡萄的生产季节性强，产量高，采收期相对集中，而且在采后的贮、运、销过程中极易腐烂。因此，产地简易贮藏保鲜技术已成为葡萄生产发展的必然。

葡萄果实不但营养丰富，而且还具有独特的风味，是果品加工的原料。但由于我国的果品加工起步较晚，无论设备还是技术，均处于初级发展阶段，特别是在葡萄果实的加工方面，存在着深加工转化率低下、产品质量不稳定、综合利用程度较差、产品附加值较低的问题，这与我国作为世界第一水果生产大国的地位极不相符。随着葡萄种植面积的逐渐扩大，葡萄系列产品的深加工和综合利用技术将成为制约葡萄生产的一大瓶颈。

作者总结了多年来从事果品贮藏保鲜技术与深加工利用研究的经验和科研成果，并收集了部分新的实用技术资料，完成了《葡萄贮藏保鲜与加工技术》一书。本着无残留或低残留的原则，产品符合国家标准；在加工工艺上，体现了中小型加工厂、甚至个体加工专业户的投资与操作。本着投资少、见效快的原则，适合各食品生产企业、基层农业科技工作者、大中专院校相关专业的师生以及广大果农阅读参考。

本书在编写过程中，得到了河北科技师范学院科研处、张家口市林果产品质量监督检验站、衡水市园林局等单位的大力支持和帮助，在此谨表谢意。

限于编者理论水平和实践经验不足，书中如有不妥之处，敬请读者批评指正。

编 著 者

目　录

第一章 概 述

一、我国鲜食葡萄生产概况

鲜食葡萄的生产，在我国可划分为三大区域，即葡萄产量、鲜贮量最大的环渤海湾产区，最具发展潜力的西部产区和中南部产区。环渤海湾产区包括辽宁、河北、山东及京津地区，该产区产量占我国葡萄总产量的近一半，占全国鲜贮量的70%。辽宁省是我国最大的巨峰葡萄贮藏产区；河北省是我国最大的龙眼葡萄贮藏产区；天津是我国最大的玫瑰香葡萄贮藏产区。西部产区的新疆葡萄产量大，是我国最大的葡萄产区。新疆地域辽阔，夏季降水量很少，葡萄产区靠雪水灌溉，多数地区几乎不用防病、施药，是我国生产优质葡萄和绿色葡萄的最佳产区，如能进一步解决交通和贮运保鲜等问题，这将成为中国葡萄的第一生产基地。

近年来，甘肃、宁夏、内蒙古、青海等地的葡萄产业已有很大发展，但一些纬度、海拔偏高地区，热量不足及其他自然灾害，是限制葡萄业发展的重要因素。地处黄土高原的陕西、山西两省，葡萄业受苹果产业发展的冲击较大，但近几年陕西渭北高原和晋南地区，由于此地生长期长，生长季降雨不多，晚熟品种的葡萄品质表现好，鲜食葡萄生产发展较快。但因秋雨滞后对葡萄贮藏有不良影响。

在云、贵、川西部山区，则有夏季温凉、冬季葡萄不用埋土的气候条件，而且年降水量只有300～700毫米，为干旱半湿润地区。这里生长的葡萄色泽艳丽、品质优良，但交通不畅，而且相当一部分地区土地资源紧缺，成为限制葡萄大发展的因素。

我国长江以南葡萄产区为特殊栽培区，黄河故道地区也是我国重要的葡萄产区，包括河南省及苏北、皖北、鲁西南的部分地区。这两个产区高温多雨，病虫害较重，是葡萄生产中最大限制因素。虽然环渤海湾地区和西部地区葡萄适宜栽培区的贮运保鲜业滞后，有利于我国南部地区葡萄生产发展，但南方的葡萄发展仍以解决当地市场需求为主，贮藏保鲜量十分有限。考虑到南方地区生长期长、热量资源丰富，在栽培上可采用1年2次、1年3次技术，有条件利用相对干旱的秋、冬季生产二次果、三次果，这对调节市场有很大好处，仍有发展潜势。此外，东北中北部包括吉林、黑龙江省的大部分地区，可采用保护地栽培方式生产葡萄，对调节当地鲜果市场有重要作用。从地域优势分析，黄河故道产区生产的葡萄具有面向南北市场的作用；而南方可出口东南亚市场，东北地区则可出口俄罗斯市场，都有一定的市场发展空间。

二、葡萄贮藏加工产业的现状与发展趋势

葡萄是一种世界性的水果，也是加工比例最高、国际贸易量最大的水果类制品。在国际上，通常将葡萄与其他水果分开统计种植面积与产量。欧洲是传统的葡萄及葡萄酒产区，其几百年的生产与加工历史对全世界的生活与贸易影响极大。我国自20世纪90年代以来，葡萄生产发展速度很快，随着人民生活水平的提高，对葡萄加工制品需求量增大，导致进口酒类增加，葡萄及其加工制品出现巨大的贸易逆差。

据联合国粮农组织统计，世界葡萄年产量约9千万吨，占水果总量的15%左右，仅次于柑橘，位居世界水果产量第二位。我国水果产量已多年位居世界第一位，葡萄产量在各种水果产量中位居第五位。

(一)鲜食葡萄的生产和销售情况

我国与世界多数葡萄种植国家不同，葡萄种植发达国家生产的葡萄，约80%用于酿酒，20%用于鲜食；而我国的葡萄生产则以鲜食为主，占80%左右，仅20%的用于酿酒或加工。

从种植范围来看，我国葡萄栽培面积和产量主要分布在新疆、河北、辽宁、山东、河南、陕西、北京、天津等地。近年来，鲜食葡萄种植范围不断扩大，长江流域也已成为我国葡萄发展新的热点地区。

从葡萄鲜果的销售情况来看，国内市场葡萄售价一直很稳定。巨峰葡萄多年来的售价一直稳定在1.6～3元/千克，国产红地球葡萄的批发价则在8～16元/千克，葡萄收益一般在3000～10000元/667米^2，在各种水果中葡萄的收益比较大而稳定，使得葡萄种植面积和产量增加较快。尽管如此，我国每年还要从智利、美国大量进口红地球鲜果以满足国内市场需求，这说明我国还有很大的发展空间。

(二)国产葡萄酒的生产情况

在20世纪80年代初，由于葡萄酒业的盲目发展，至80年代末90年代初，国内葡萄酒业跌入低谷。90年代中后期，随着世界红葡萄酒热和我国国民保健意识的增强，饮用葡萄酒的人越来越多，葡萄酒的消费量逐渐增加，使我国葡萄酒原料基地有较大发展，葡萄酒产量不断增加。至1999年，我国葡萄酒产量为52万吨，2000年为57.5万吨，2001年为57.5万吨。而葡萄酒产量居世界第一位的法国，1999年为588.79万吨，我国1999年葡萄酒的产量仅为法国葡萄酒产量的8.83%。

在我国葡萄酒业的发展过程中，主要栽培的品种是世界著名酿酒品种赤霞珠、品丽珠、霞多丽等。所酿酒种以红酒为主。我国葡萄酒基地主要分布在天津、烟台、河北昌黎和怀来、宁夏、甘肃、新疆等主要葡萄产区。

(三)葡萄干的生产情况

我国制干葡萄主要分布在新疆、甘肃敦煌及内蒙古乌海等地，主要品种是无核白和京早晶，新疆南疆地区也利用和田红品种生产有核葡萄干。我国葡萄干的产量1995年为0.4万吨，而土耳其为36万吨，美国为28.1万吨。根据国际葡萄种植与酿酒组织的统计资料，自1982年以来，全世界共有19个国家生产葡萄干，亚洲葡萄干的91.5%产于3个国家，其中土耳其占49.8%，伊朗占21.6%，阿富汗占20%；欧洲葡萄干产量的74.6%由希腊生产；美洲葡萄干产量的91.7%由美国生产；非洲葡萄干产量的81.7%由南非生产；澳大利亚生产的葡萄干占大洋洲产量的100%。英国、俄罗斯、德国、加拿大、荷兰、日本和法国等7国需要进口的葡萄干约占世界进口葡萄干总量的70%；希腊、土耳其、阿富汗、美国、伊朗、南非、澳大利亚等国出口的葡萄干则占世界出口市场的90%。

(四)葡萄汁的发展情况

我国的葡萄汁产业近几年才刚刚兴起，与世界发达国家相比葡萄制汁业相当落后。国家投资从事制汁品种和其他方面的研究经费很少，直接从国外引进的制汁品种也很少。美国1910～1913年就开始生产葡萄汁，到1978年时年产葡萄汁38 975吨。日本于1940年开始生产葡萄汁，1983年葡萄汁产量达到1 627.9吨。葡萄汁的生产和消费主要集中在意大利、法国、德国、西班牙、瑞士和英国。

近5年来，国内有20多个单位，从国家葡萄种质资源圃引种制汁葡萄品种，进行葡萄汁生产基地的建设，这显示了我国葡萄汁产业有了良好开端。

三、我国葡萄产业的发展方向

(一)我国发展葡萄产业的优势

1. 优质葡萄产区 我国西北地区的新疆部分地区、甘肃、宁夏、陕西的西部和内蒙古、河北、山东等地区有着得天独厚的气候条件，能生产出优质的鲜食葡萄、优质的酿酒葡萄原料、葡萄干原料。

2. 低廉的价格 我国鲜食葡萄出口价格仅为美国的77%，葡萄酒出口价格为美国出口价格的86.9%，葡萄干出口价格为美国葡萄干出口价格的81%。

3. 口味相近 因亚洲人喜食含甜味果品，相似的消费习惯有利于向周边国家出口。同时，距离相对较近，从美国等海外地区海运到香港市场的葡萄要10天以上，而从我国内地2～3天即可到达。

4. 劳动力充足 葡萄产业是劳动密集型产业，费工费时，在我国1个劳动力可以管理0.33公顷葡萄园，月工资600～800元人民币，而美国人均月工资在1 000美元以上。

5. 生产总量相对不足 无论从我国人口数量和土地面积，还是从我国目前经济发展状况看，我国葡萄及其制品还有很大的发展空间。

6. 贮藏保鲜业拉长了葡萄产业链 葡萄贮藏保鲜业的发展，直接带动了相关产业的发展，拉长了葡萄产业链条，促进了葡萄产业化的发展。一是带动了葡萄包装业的发展；二是孕育了大批农村经纪人队伍；三是促进了运输业的发展；四是牵动了葡萄酒业的发展，改变了过去葡萄酒生产缺档断条的局面；五是安排了农村剩余劳动力。

(二)我国葡萄及葡萄制品方面的劣势

第一,我国的鲜食葡萄在风味方面受到亚洲人的喜爱,但果实大小、色泽、硬度等与国外产品有相当大的差距。葡萄酒、葡萄干的质量因受葡萄原料的影响,质量与国外有一定差距。

第二,我国葡萄及制品的包装、运输等设施与国外差距很大。

第三,由于经济的因素,我国人民尚未形成消费葡萄酒的生活习惯,烈性酒、啤酒仍占有较大的市场空间。

第四,我国农业劳动力资源的素质偏低。

(三)我国葡萄生产的发展

1. 进一步完善葡萄品种的区域化 开展葡萄品种的区域化研究,落实区划成果,做到专用品种与优质产区配套果树区划是一项非常庞大的系统工程,费财费力,20 世纪 80 年代曾进行过大规模的果树区划研究,但至今还没有系统地组织过树种和品种的微区划研究,区划的成果也因多种原因未全面落实。我国地域辽阔,气候条件千差万别,应充分利用区划成果,因地制宜,实现区域化、规模化栽培。

2. 组织葡萄的标准化生产与销售 开展葡萄及其制品的标准研究,强化标准化栽培技术措施,尽快把我国葡萄生产引入与国际对接的标准化轨道上来。我国政府提倡“绿色食品”已有 10 多年了,并得到了一定的发展。但仍有很多果农缺乏绿色食品的概念,超量使用或使用违禁农药,致使果品中的农药残留量较高,卫生品质明显下降,降低了果品的安全性。2002 年 9 月,我国农业部颁布了一批“无公害食品”强制性执行标准,其中有《无公害食品鲜食葡萄》、《无公害食品鲜食葡萄生产技术规程》、《无公害食品鲜食葡萄产地环境条件》等标准,此外,还有农业行业标准《葡萄苗木》、《葡萄苗木生产技术规程》、《鲜葡萄》等,这些都应成为今后组织生产中应严格执行的标准。欧洲国家 20 世纪 80 年代以来兴起的“IFP”(综合果实管理系统)概念已经传入我国,它是一种果农自发组织,政府加以提倡的生产、检测、销售认证制度,已收到良好效果,凡贴有“IFP”标签的果实均得到消费者的认可。

3. 强化葡萄节能保鲜运输和低温冷藏保鲜 发达国家的果品保鲜和初加工一般都是从产地开始,采收后进行预冷、整理、打蜡、包装等,然后进入冷库。而我国的贮藏体系的建立和贮存技术的研究较为落后,做不到果品一条龙式的产后处理。加上我国生产单位小而且分散经营的特点,贸、工、农不成体系,产、供、销、加工不统一,致使部分地区出现了卖果难现象。葡萄的采后贮藏、保鲜、深加工及运输是果品产业化的重要环节,我国在这方面与世界先进国家相比存在相当大的差距。目前,在技术上我国不存在太大的问题,但我国的设备硬件配置不够且价格昂贵,能耗较大,影响了企业使用的积极性。必须开发适合我国国情的节能低温冷藏及运输设备,适应未来快速物流发展的需要。大力发展葡萄加工产业,特别是葡萄酒产业,以此促进葡萄种植业的发展。

第二章　影响葡萄果实品质的因素

果实的品质是指果实在色、香、味及贮藏加工性能等方面的总称，主要包括果实的外观品质、果实风味和耐贮性及耐加工性能。果实的外观品质又称为形态品质，指果实颗粒的大小、果穗、果粒的形状和果实的颜色等指标，一般颗粒大的葡萄较好，果粒以表现出本品种固有颜色和形状、果粉和蜡质层厚而均匀、无病虫危害痕迹为佳。果实风味指果实的含糖量高，糖酸比适中，风味浓厚，有不同程度的香味。耐贮性强指在贮藏期内不降低风味和品质，没有生理病害和伤害，损耗少，贮藏时间长。耐加工性能指能够耐高温、高压处理等。

果实的品质特性是葡萄的系统发育过程中，在具体栽培环境条件下形成的，因此与葡萄的品种、砧木，生长结果状况、树龄、树势、栽培管理及气象地理等条件密切相关。另外，葡萄的生长发育、果实的化学成分及生理性状也影响着葡萄的品质，所以在保证葡萄丰产的同时，提高果实的品质是延长葡萄贮藏期的基本措施，也只有优质耐贮的果品才有可能达到较理想的贮藏效果。

一、品种及生长结果状况与葡萄贮藏保鲜的关系

(一)葡萄品种

葡萄属于浆果，是水果中最不耐贮藏的水果之一。由于栽培

历史悠久，人们在长期的生产实践中也选育了一些较耐贮藏的晚熟品种，如龙眼、新玫瑰、黑奥林、红宝石、秋黑、乍娜、意大利、粉红葡萄等。一般来说，葡萄耐藏性随着成熟期和采收期的推迟而增强，葡萄的晚熟品种最耐贮藏，中熟品种次之，而早熟品种最不耐贮藏，原因有以下几点。

第一，葡萄的早熟品种是在高温条件下完成生长发育和成熟的，浆果生长迅速，生长发育时间短，物质积累上明显地少于中、晚熟品种，因此使得浆果的抗病性差。

第二，葡萄的贮藏是通过降低环境温度条件而延长贮藏时间的，而早熟品种在低温环境中易于引起低温伤害，易导致贮藏期内各种病害的发生，因而不适于低温贮藏。

第三，由于早熟品种生长期短，积累贮藏物质少，在贮藏过程中易于使贮藏营养消耗殆尽，引起果实腐烂、变质。

第四，由于浆果是在高温下成熟的，已经适应了高温环境，如果在高温条件下贮藏，则营养消耗太快，易于病菌繁殖、侵染，从而导致腐烂。而在低温下贮藏又容易引起生理失调，发生生理病害。晚熟品种则正相反，它不仅适应逐渐降低的低温环境，而且成熟过程缓慢，在多数情况下浆果含糖量高，果皮韧性大，果粉也厚，所以抗病性强，耐贮性也强。

在葡萄浆果中，乍娜、葡萄园皇后、潘若尼亚、康拜尔、莎巴珍珠等早、中熟品种的生长期短、果皮薄、果粉少，因此耐贮性差；白牛奶、粉红太妃、白鸡心、洋红蜜、玫瑰、牛奶等中、晚熟品种果皮薄，硬伤或擦去果粉后易于变褐，耐贮性不太强；而黑汉、巨峰、先锋、红瑞宝、龙眼、龙宝等晚熟品种和极晚熟品种果皮厚，韧性也大，最耐贮藏。

在浆果耐贮性方面，有色品种比无色品种耐贮藏。有色品种（如龙眼、龙宝、巨峰、红富士等）果皮较厚，果粉和蜡质层致密而均匀，能阻止水分的损失和病害的侵染；含糖量高，如龙眼，一般含糖量在16%以上，所以有较强的耐贮性。而无色品种（如牛奶、乍娜等）果皮薄，果粉及蜡质层少，水分易蒸发，病害易侵入，在贮藏中易于失水萎蔫或腐烂，并且含糖量也较低，一般在14%左右，所以耐贮性较差。

另外，品种不同，浆果的出汁率也不同，对于生产葡萄汁、葡萄酒来说，均受到一定影响。出汁率比较高的品种有玫瑰香、龙眼、巨峰、赤霞珠、蛇龙珠、佳利酿、法国兰、品丽珠等。

适合罐藏的品种有新玫瑰、葡萄园皇后、白玫瑰香、京早晶、苏107等品种。

（二）树龄和树势

树龄影响浆果的品质和耐贮能力。一般来说，幼树、生长过旺的徒长树和衰老树的果实品质均较差，可溶性固形物含量低，浆果的耐贮力也较弱。据调查，3～5年生巨峰葡萄含糖量为9%～11%，而且上色差，味酸；6年生以上的巨峰葡萄含糖量为13%～15%，且上色程度较好，味甜。所以，幼树结的果实一般品质差，耐贮性能差。龙眼、黑奥林葡萄也有相同的趋势。

进入盛果期的树，生长势的强弱也影响着果实的品质及耐贮能力。树体生长势弱、肥水管理跟不上，势必影响浆果色泽、风味，贮藏能力也降低；树势过强、营养生长过旺，枝条生长与浆果竞争养分，也会造成浆果的营养"缺乏"，使浆果色泽和风味变劣，贮藏力下降。只有生长势中庸的树体，果实生长平稳，果肉组织致密，果粉及果皮致密且厚，有机物质积累多，可溶性固形物含量高，因而浆果的贮藏能力强。

（三）结果部位

同一株树上不同部位的浆果，其颜色、化学成分、含糖量和贮藏能力均不同。着生在架基部斜面上的浆果，其颜色差，果粉及果皮薄,果皮结构松散,浆果糖度低。而在水平面上的果穗,颜色好,果粉、果皮较厚,而且有韧性,浆果含糖量也高。对5年生大棚架栽植的龙眼葡萄和4年生大棚架栽植的巨峰葡萄的调查表明,在距地面越低的斜面上,光照越差,上色越慢,浆果含糖量越低;而在水平面上,越靠近梢端的葡萄穗,光照条件越好,上色越好,糖度越高。

(四)结果量

浆果的产量也同其品质及耐贮能力有关。一般来说,产量越高,浆果颗粒越小,上色越晚且越差,含糖量越低。据对部分产区的盛果期龙眼葡萄调查,产量越高,浆果的含糖量越低。

由此可见,维持龙眼适宜产量是提高浆果质量及耐贮性的重要手段。

二、土肥水管理与葡萄贮藏保鲜的关系

(一)土 壤

土壤的性质直接影响着果实的产量和质量。葡萄对土壤的要求并不严格,可以在酸性、碱性和中性的土壤上生长,但以中性土壤上葡萄生长的品质良好;而在酸性或碱性的土壤上易造成植株生长衰弱,品质降低,病害严重。

土层深厚、土质肥沃有利于根系生长,也有利于果实的发育。而在瘠薄干旱的土壤上,葡萄果粒小,但颜色好,糖度高,果皮厚,耐贮藏。在土层深厚的土壤上,果粒大,颜色差,糖度低且不耐贮藏。一般情况下,沙质土壤上的葡萄糖度高,颜色好,耐贮藏,而黏土上的葡萄糖度低,颜色差,耐贮性差。

土壤的酸碱度是土壤最重要的化学性状之一,通常用pH表

示。pH 值高低直接影响着土壤中营养物质的吸收和利用。葡萄最适宜 pH 为 6.8～7.3。pH 太低，土壤呈酸性，会引发缺硼、缺钙，易患小粒病、水痘病等；pH 太高，土壤呈碱性，易引发叶片缺铁，使叶片变黄减少。

葡萄建园时要因地制宜，这是提高果实产量、增进品质、增强耐贮能力的经济有效措施，对不适于葡萄生长的沙地、涝洼地、沙漠盐碱地等果园，要先改良土壤，增施有机肥，创造有利于根系生长的土壤条件。

(二)肥　料

肥料是保证葡萄高产的基础，也是影响果粒颜色、风味和营养成分及耐贮能力的重要因素。

1. 氮肥　氮肥是葡萄生长和保证质量的重要因素。使用氮肥能保证果树的优质丰产，但氮肥使用过量，易造成枝叶徒长，不利于坐果，延迟浆果成熟，使果粒变小，贪青，着色不良，品质下降，味酸，糖酸比下降，并缺乏芳香气味，不耐贮藏。尤其是在生长后期，施用氮肥过量，易使玫瑰香葡萄青粒增多，巨峰葡萄上色变差，糖度低。但在土壤瘠薄的果园中，适量施用氮肥能提高葡萄产量且不降低质量，但在使用时期上要侧重前期，后期要控制用量。

2. 磷肥　磷是葡萄组成核酸、核蛋白、卵磷脂等物质的成分，参与果实及叶片的呼吸作用、光合作用及生殖器官的形成，尤其是对果实、种子及花芽的分化具有重要作用。土壤及叶片施磷对浆果的成熟和品质有良好促进作用。试验表明，施磷肥能使浆果含糖量、色素和芳香物质增加，含酸量减少，可增加葡萄的耐贮性。过量的磷肥会影响氮和铁的吸收，而使叶片黄化或白化，影响树体及浆果的生长。

3. 钾肥　钾肥能明显地促使果实产生鲜红的颜色和芳香，促进浆果成熟，增加含糖量，降低含酸量，使糖酸比增加，同时也是促进果实增大必不可少的营养元素。适量使用钾肥,能提高葡萄糖度,增加果皮韧性,增加抗病性和耐贮性。钾肥过多易引起葡萄缺镁,葡萄叶片失绿,新梢生长衰弱,坐果率降低,果粒小,产量低。

4. 其他元素　钙有促进叶绿素的形成和根系的吸收作用。在钙充足的土地上,葡萄品质较好,有香气,耐贮藏;钙缺乏,则导致氮缺乏,钙过多,则引起叶片黄化。镁是叶绿素的组成成分,并直接参与植株内磷的转化。缺镁则磷代谢受阻,进而影响浆果质量。锌肥对葡萄的光合作用、呼吸作用和营养物质的运转有促进作用,缺锌则使葡萄新梢节间短小,叶片短小失绿,并形成大量无籽小果。硼能促进受精作用,提高坐果率,减少无籽小果,提高产量,促进芳香物质形成,改善果实品质。锰能促进植株的光合作用和碳水化合物的代谢作用,施锰可使光合作用增强,提高浆果含糖量,降低浆果含酸量,色素增多,上色良好,增加浆果耐贮性;缺锰则叶绿素形成受阻,影响植株的光合作用,进而影响果品质量。

(三)水　分

土壤的水分状况是影响果实生长、果实大小、果实品质及贮藏能力的重要因素。旱地果园,增加浇水量可以提高产量,促进果粒增大,提高坐果率,果实含水量增大,果实颜色鲜艳。山地葡萄一般产量较低,但果实风味浓厚、糖分高,耐贮性强。水地葡萄产量高,但风味差、糖度低,果皮薄,耐贮性差,尤其是采前大量浇水,葡萄品质明显降低。适宜水分管理措施是:前期浇足水,中期浇小水,后期要控水。这样,才能极大程度地提高葡萄质量。

在葡萄建园时,还要考虑地下水位情况。在地下水位过高的地块,果粒大、产量高,但味淡色差,不耐贮藏。同时,由于地下水位过高,土壤水分过多,易形成根系缺氧,致使根系生长发育不良,严重的地块还会造成根系腐烂。

三、树体管理与葡萄贮藏保鲜的关系

树体管理的各项措施均在不同程度上影响着果实产量、品质及贮藏能力。

(一)修　剪

合理修剪能调节树体生长与结果的关系,加强树体通风透光,从而加强叶片的光合作用,促进物质积累,使果实着色好,糖分高,品质好。葡萄过分强调极短梢修剪,大量地减少枝叶量,光合作用相对减少,有机物质积累少,单位面积光合产量低,不能充分利用光能。同时,果实质量下降、上色虽好,但品质差。糖度低,酸度大,不耐贮藏。修剪时,单位面积上枝叶量过大,不利于通风透光,致使果粒小,果穗上色差,糖度低,也不利于贮藏。所以,葡萄的修剪要因树势和栽培密度进行,采取中短梢和极短梢结合使用,使叶片以地面产生晃动的光斑为准。

(二)树体负载量

树体的产量直接影响浆果的品质。结果量过大,不仅引起大、小年,还会降低品质,如颜色差,糖度低,果粒小,耐贮性差。即使在推迟采收期的情况下,也不能达到理想的色泽和糖度。结果量过低,而且果实含水量、含氮量均高,糖度低且不耐贮藏。因此,树体的适宜结果量不仅能维持适宜的高产,还能保证优质,增强耐贮性。

(三)果实管理

在维持树体适宜负载量的前提下,加强果穗及果粒的管理能极大程度的提高果实质量。如果实膨大期剪除小粒、青粒和没有授粉的果粒，及时剪除病粒及各种伤粒，防止病菌在贮藏期内传染及其他病菌侵染。果穗在幼果坐果后进行套袋能阻止炭疽病、黑痘病、白腐病的侵染，提高果品质量。具体套袋办法是：落花后给果穗套密封的纸袋，防止病虫危害的效果很好。在果实上色期，即8月上中旬，解除纸袋，增加光照，可促进果粉形成、果实着色和糖度升高，质量得以提高。

四、环境因素与葡萄贮藏保鲜的关系

(一)温　度

生长季节中温度的高低，特别是6～9月份的温度对浆果的品质及贮藏力影响极大。一般情况下，在日温度较高，但不超过25℃时，有利于光合作用。夜温较低，果实的呼吸强度降低，从而减少光合产物的消耗，有利于光合产物积累，在这种情况下，浆果上色好，糖分高，果粉厚，有利于贮藏。

(二)光　照

葡萄浆果的生长发育过程中需要充足的光照，葡萄在良好的光照条件下，浆果上色早、上色均匀品质好，耐贮藏。光照与花青素的形成有密切关系，葡萄的有色品种在日光照射下，浆果果粒颜色浓，果粉厚而均匀，但在架上枝条过密、叶片过厚的栽培条件下，葡萄上色不好。一般情况下，在晴天多而干旱的年份，果实品质与色泽均好，果实耐贮性也较强。

(三)降 水 量

降水量多少及降水时间的长短，尤其是在浆果上色期，会直接影响果实品质及耐贮能力。一般在多雨年份，尤其是秋季阴雨多的年份，浆果的含糖量低，味酸而平淡，颜色和香味差，成熟延迟，不耐贮藏。对巨峰、黑奥林及奥林匹亚等大粒品种，易产生裂果而导致腐烂。

过多的降雨使土壤湿度过大，土壤中空气含量相对减少，根系呼吸作用缓慢，根系吸收能力减弱，从而影响浆果质量。同时，由于土壤湿度过大，土壤中可溶性营养的含量减少，也影响着浆果的质量及贮藏性。

长时间降雨会减少叶片的光合作用时间，浆果中有机物质积累少、糖度低、不耐贮藏。

在生长期中，过高的空气相对湿度会使葡萄浆果糖酸含量降低，反而对真菌等生长有利，是引起果实腐烂的原因。

五、病虫害防治与葡萄贮藏保鲜的关系

防治葡萄病虫害是保证葡萄高产优质的重要措施。病虫害严重，直接影响果实品质，如霜霉病危害葡萄叶片，会使浆果成熟期晚，上色延迟，浆果糖度降低。受白腐病、黑痘病危害的果穗，在贮藏前的预冷阶段就可以导致浆果腐烂。葡萄灰霉病是在花期和成熟期侵入果实的，若在生长期防治不力，在贮藏期会引起大量腐烂，严重影响果实的贮藏质量。因此，在生长期必须用药加以防治。

在使用药剂防治病虫害时，使用药剂的种类、浓度和配制方法都会影响浆果的品质。如防治葡萄东方盔蚧，使用蜡蚧灵乳油800倍液，防治效果较好。防治葡萄霜霉病时，使用代森锌易使葡萄果面蜡质损坏，降低抗病能力，耐贮性也降低。

六、植物生长调节剂及农药对葡萄贮藏的影响

葡萄的成熟是浆果生长发育过程中逐渐衰老死亡的过程。葡萄的贮藏是延缓衰老的一种措施，但仍是浆果生长发育的延续。因此，在浆果生长发育过程中，施用任何药物，均有不同程度的影响。

随着近代生物学的发展，揭示了乙烯在果实成熟过程中的作用，并对果实成熟作用的机制基本了解。在自然条件下，乙烯是果实的内源催熟激素，内部乙烯的合成，促进了浆果的成熟。外部施用乙烯发生剂(如乙烯利)等，也可促进浆果的成熟。因此，控制或抑制浆果内源乙烯的合成，可以延缓浆果的成熟。在一些研究中证明当种子成熟时，浆果的呼吸高峰也伴随到来，这是由于在浆果内的种子未成熟时，本身会合成赤霉素，并将这些赤霉素扩散到果肉组织中，以调集营养物质，从而抑制了乙烯的生成。当种子成熟时，不再合成赤霉素，受抑制的乙烯生成过程被解除，乙烯的合成量增加，从而促进浆果成熟。日本学者认为，赤霉素能延迟果实呼吸高峰，抑制乙烯的生成。同时，B_9 及矮壮素也有同样作用。

2,4,5-TP(2,4,5-三氯苯氧丙酸)可延迟葡萄的成熟；因为葡萄的过氧化酶催化酶活性的 2,4,5-TP 处理反应明显，氧化反应在鲜食葡萄中受到阻碍，从而延迟了浆果的成熟。

用 100～250 毫克/千克的萘乙酸喷葡萄果穗，有保持果粒新鲜，同时增加果刷对果粒的拉力，有防止脱粒作用，但易使葡萄果粒贪青生长，上色不良，糖度降低。

据报道，在葡萄浆果膨大后期，以 500～1 500 毫克/千克助壮素一次性喷布葡萄叶片及副梢，可显著抑制副梢生长，提高浆果含

糖量,促进上色,提早成熟。如玫瑰香、红玫瑰和佳利酿的可溶性固形物分别增加2.3%~3.3%、1.4%~3.6%和1.4%~2.4%。

乙烯利可促进葡萄的着色,提高糖酸比,使成熟期提前。在巨峰葡萄浆果生长缓慢期,用500毫克/千克乙烯利浸穗处理,可提早成熟3~5天,但果实易落粒,贮藏期缩短。

葡萄果粒上色与内源脱落酸水平有关。在生产中,于浆果缓慢生长后期,用500~1 000毫克/千克的脱落酸处理果穗,可促进浆果成熟,而且随着浓度的增加,上色效果就更明显。尤其是红富士、奥林匹亚、巨峰等品种。但经处理后,贮藏效果降低,一般不耐贮藏。

采前1个月喷布1 000毫克/千克的B_9溶液,着重喷布果穗,20天后再喷1次,可增加浆果和果柄之间的耐拉力,减少运输过程中的脱粒损失。葡萄喷布B_9,可增加果刷面积。一般来说,果刷面积越大,果粒着生于果蒂上越牢固,耐拉力越强。

在花期用赤霉素处理葡萄果穗,可促使葡萄的无核化。使用浓度为50~1 000毫克/千克,最佳处理时间为花前10~20天,花后还要进行1次,以促进果粒增大,但以盛花后10天处理最好。用赤霉素处理的果穗,产生无核化,要因品种而异。以玫瑰露为最好,葡萄园皇后次之,无核率为77.7%~91%。郑州早红、意大利、巨峰无核率最低。经无核化处理后,浆果成熟期提早5~7天,浆果着色好,糖分高,香味更浓,但贮藏期缩短。

第三章　葡萄贮藏前的商品化处理

一、采　收

(一)成熟度的确定

采收是葡萄生产的最后一个环节,也是贮藏保鲜的第一个环节。葡萄采收成熟度涉及产量、品质及贮藏性。采收过早,不仅影响果粒的大小,也影响风味、品质和色泽,使贮藏性下降;采收过晚,有的品种如巨峰葡萄,贮藏中易脱粒,风味易变化,贮藏期缩短。

葡萄采收成熟度要依据浆果可溶性固形物含量及糖酸比作为成熟度指标。有色品种的着色程度,也可作为判断成熟度的指标之一。不同栽培地区、不同葡萄品种成熟度指标有差异。

果实成熟过程中的变化是:果实体积重量停止增长,果色达到品种特有的颜色,果皮角质层及果粉增厚,果实含糖量增加。清淡型品种如牛奶、乍娜、里查马特等含糖量为14%～16%,含酸量0.4%～0.6%;一般品种如巨峰、龙眼、玫瑰香含糖量为16%～19%,含酸量为0.6%～0.8%,这样的葡萄不仅品质好,而且也耐贮。从穗梗、穗轴特征上看,果实进入成熟期以后,穗梗、穗轴逐渐半木质化至木质化,色泽由绿变褐,蜡质层增厚。除牛奶等品种穗梗在成熟时仍较绿外,大多数品种在成熟期穗梗色泽仍为青绿色,这表明成熟不良,或是采期未到,或是产量过高,此类果实均不耐贮藏。

日本第一主栽葡萄品种是巨峰。该品种采收时糖度标准为17%以上,果色为蓝黑色。日本科研人员经多年研究,将该品种成熟度以色卡形式表示,即巨峰葡萄从开始上色后分为黄绿—浅红—红—紫红—红紫—紫—黑紫—紫黑—黑—蓝黑,共分10个色级。日本栽培葡萄都要疏花疏果,不论什么品种都在花期前后修整成圆柱形。具体做法是:除去花序上部的大分枝,保留花序中下段的小分枝,以求获得穗形整齐、大小均衡的果穗,果穗重为350～500克,果粒重为11～13克。

对欧美杂种品种,一般认为贮藏用的葡萄不宜采收过迟。据报道,延迟采收在日本十分普遍,这是延长鲜果供应期值得借鉴的举措。巨峰葡萄在日本长野县充分成熟期应为9月上旬。若采收后立即投放市场,过迟采收是可行的;但从贮藏角度看,欧美杂种葡萄品种采收过迟,会明显缩短贮藏期,而对中短期贮藏无明显影响。据日本长野县的经验,充分成熟的果实(9月上旬采收)与运输果实(1月上旬),贮藏2～3个月后分别检查,其鲜度指数无明显差异。这与我国普遍早采收、早贮藏的习惯形成鲜明对比。

红地球葡萄是我国仅次于巨峰的贮藏品种,是极晚熟品种。在我国北方地区的采收期,一般是在9月下旬至10月上旬。采收时的质量指标应为果实鲜红色、果粒重12克以上或横径26毫米以上,果实可溶性固形物在16%以上。

(二)采收方法

葡萄果实鲜嫩多汁,采收过程中易被碰、压、破、擦皮及落粒等,并会促使葡萄贮藏过程中的腐烂。另外,葡萄属非跃变型呼吸作用水果,有相对低的生理活性。但是,随着采收葡萄的失水,易造成果梗干枯、褐变、掉粒和果粒皱缩。浆果表面的果粉是影响葡萄外观品质的重要因素,因此在采收及采后的加工处理过程中,都应注意。

葡萄的采收方法主要是手工采收。具体做法是在采收时，用一只手托住葡萄，另一只手用剪刀将葡萄从藤上剪下。剪下的果穗可采用以下2种方法装箱。一是直接修整装箱，左手提起葡萄穗，轻轻转动，剪掉腐烂、有病的、不成熟、畸形的果粒，装入内衬葡萄专用保鲜袋的保鲜箱中。修整时要注意剪刀不伤及其他葡萄粒；生产上也有用右手摘去病果、虫果、不成熟的果粒的方法，此方法虽然简单却会残留下果液及果刷，在贮藏过程中易发霉并增加其他果实的腐烂率和伤及周围的果粒。另一种方法是采后集中修整装箱，剪下的葡萄先放入篮子或筐里，篮子或筐中要放布、纸或其他的柔软物品，防止葡萄受到摩擦或划伤，并在葡萄园中选择阴凉通风处，在地上铺干净的薄膜作为葡萄集中修整装箱场地。

(三)采收时的注意事项

1. 避免机械伤口　减少伤口，避免病原微生物入侵。伤口是导致葡萄腐烂的最主要原因。自然环境中有许多致病微生物，绝大多数是通过伤口侵入。此外，伤口可不同程度地刺激葡萄呼吸作用增强，一方面使葡萄袋中的湿度提高，另一方面促使保鲜剂的释放速度加快，均不利于贮藏。

2. 选择适宜的采收时间　阴雨天气、露水未干或浓雾时采收，容易造成机械损伤，加上果实表面潮湿，有利于微生物侵染。但在高温天气的中午和午后采收，因果实体温高，呼吸、蒸腾作用旺盛，也不利于贮藏。所以，应选择晴朗的天气采收葡萄，选择在露水干后的上午及下午3时以后采收最好。降雨时应延迟采收，至少推迟1周左右。

3. 选择松紧度适宜的紧凑果穗　过紧的果穗在贮藏中因果穗中心部位湿度大、温度高，易出现霉菌侵染所致“烂心”现象；过松的果穗，易出现失水干梗现象。因此，要求果粒及果穗大小均匀，上色均匀，充分成熟；凡穗形不整齐，果粒大小不均匀的果穗，不能作贮藏果。

4. 分期采收 同一棵葡萄上的果穗成熟度不同，为了保证葡萄的品质和入库后葡萄快速降温，应分期分批采收。

下列葡萄不能入贮：一是高产园、氮素化肥施用过多、成熟不充分的葡萄，以及可溶性固形物含量在15%以下的葡萄和有软尖、有水罐病的葡萄；二是采前浇水或遇大雨采摘的葡萄；三是灰霉病、霜霉病及其他果穗病较重的葡萄园的果穗；四是遭受霜冻、水涝、风灾、雹灾等自然灾害的葡萄；五是成熟期使用乙烯利促熟的葡萄。

二、分 级

(一)分级的目的和意义

目前，我国果品已经进入品质时代，分级销售，实现优质优价，是销售商和消费者共同的需要。分级销售还可以满足不同用途的需要，减少损耗，便于包装、运输与贮藏，可以提高产品的市场竞争力。

(二)分级标准

葡萄的分级标准主要项目是：果粒大小、果穗整齐度、果穗形状、果形、色泽、可溶性固形物含量、总酸含量、机械伤、药害、病害、裂果等。

目前，由农业部制定、中国农科院郑州果树所起草的“鲜食葡萄”行业标准，对所有等级果穗的基本要求是：果穗完整、洁净、无病虫害、无异味、不带有不正常的外来水分、细心采收、果穗充分发育、果梗发育良好并健壮、果梗不干燥、不变脆、不发霉、不腐烂。对果粒的基本要求是：果形好、充分发育、有适合市场或贮存要求的成熟度、果粒不散落、果蒂部不皱皮。

日本对巨峰葡萄的质量标准是：每个果穗以400克左右为宜，变化幅度为300～500克。巨峰果实质量分级以果粒大小为标准，前提是无论任何等级的巨峰果，必须达到如下基本标准：果实含糖量在16%以上，果皮色泽达到蓝黑色；在此基础上，凡13克以上的大果粒果穗为特级果，通常用1千克装的小盒精细包装；12克果粒为一级果；11克左右的果粒为一般果。日本对玫瑰香采收分级标准是：以果穗大小分级，符合该品种小粒型品种特点，花期前后均经赤霉素处理，实现无核化，果粒差异较小，要求无论大穗、小穗糖度要达到19%，含酸量以pH表示，pH 3以上才能采收。

三、包 装

(一)包装的作用

葡萄果实含水量高，果皮保护组织性能差，容易受机械损伤和微生物侵染。因此，葡萄采后易腐烂，降低商品价值和食用品质。

良好的包装可以保证产品安全运输和贮藏，减少货品之间的摩擦、碰撞和挤压，避免造成机械伤，防止产品受到尘土和微生物等不利因素的污染，减少病虫害的蔓延和水分蒸发，减缓因外界温度剧烈变化引起的货品损失。包装可以使葡萄在流通中保持良好的质量稳定性，提高商品率和卫生质量。合理的包装有利于葡萄货品标准化，有利于仓储工作机械化操作和减轻劳动强度，有利于合理堆放。单层包装箱和单果穗包装是鲜食葡萄包装的发展方向。

(二)包装容器的要求

包装容器应具备可靠的保护性，在装卸、运输和堆放过程中有足够的机械强度；有一定的通透性以利于产品散热及气体交换；有一定的防潮性，防止吸水变形，从而避免包装的机械强度降低引起的产品腐烂。包装容器还应该清洁、无污染、无异味、无有害化学物质；内壁光滑、卫生、美观；重量轻、成本低于取材、易回收及处理等特点；包装容器外面应注明商标名、等级、重量、产地、特定标志及包装日期。

（三）葡萄包装种类和规格

目前，葡萄包装的种类很多，市场上常见种类有泡沫箱、纸箱、塑料箱和木条箱等。泡沫箱是我国刚刚兴起的葡萄包装方式，它具有保温性能好、缓冲性能好的特点，比较适合运输保鲜用。另外，由于其美观大方，在消费者心目中它是高档果的包装容器，发展较快。但是，贮藏过程前期易出现果温高的现象，这是很多冷库用泡沫包装箱贮藏红地球葡萄失败的主要原因之一。该包装箱用于运输保鲜时，其箱上应打孔，以利于葡萄产生的呼吸热迅速散出。泡沫箱和木条箱以及塑料箱普遍存在不能折叠、仓储麻烦的问题。纸箱则有其他包装容器所没有的可以折叠的优点，便于管理，便于运输。纸箱还具有一定的缓冲性，有抵抗外来冲击保护葡萄的作用，可以印刷标志，表示商品的内含物，可起到广告的作用。木箱和塑料箱耐压力强、透气也好，但缓冲性稍差，在运输或搬运过程中易发生机械伤。

国家农产品保鲜工程技术研究中心（天津）研究发现，用聚苯乙烯泡沫箱和纸箱在同样的条件下运输红地球和秋黑葡萄，先将葡萄预冷到0℃，在外界温度为 18℃～25℃的条件下用汽车进行保温运输，7 天后聚苯乙烯泡沫箱中的温度比纸箱内的温度低3℃～5℃，而且泡沫箱表现较好的耐压能力，因此运输保鲜效果明显好于纸箱。

我国葡萄包装原以筐装为主，大筐 25 千克以上，中等筐 20 千克左右。20世纪80年代后，普遍改用纸箱包装，一般为多层包装箱，内装葡萄10千克左右。到了20世纪90年代，单层包装箱开始用于葡萄包装，如张家口地区的牛奶葡萄包装就用了单装箱。

日本上市的葡萄均进行过严格的整穗，单层摆放的包装箱箱高不超过13厘米(内径)。我国在参照日本的包装标准时，将箱高适当增至13～15厘米。20世纪70年代末，河北省怀来县龙眼葡萄的扁形小木箱为(内径:厘米)41.2×29.7×13，净重4.5千克。目前，辽宁省贮藏巨峰葡萄的板条箱规格为35厘米×25厘米×15厘米，净重5千克。

(四)包装方法与要求

1. 装箱的方法 采后的葡萄应立即装箱，集中装箱时应在冷凉环境中进行，避免风吹、日晒和雨淋。装箱后葡萄在箱内应该呈一定的排列形式，防止其滑动和相互碰撞，而且能通风透气，要充分利用容器的空间。

目前，葡萄装箱有3种方法:一种是穗梗朝上，每穗葡萄按顺序轻轻地摆放在箱内。这种方式操作方便，日本以单穗包装的葡萄在单层包装箱内的摆放，多属于这种装箱方式。另一种是整穗葡萄平放在箱内。还有一种是穗梗朝下。我国葡萄在箱内摆放大多采用后2种形式。在不进行整穗的情况下，葡萄穗形多以圆锥形为主，大小不齐，松散不一，此时只能采取平放或倒放的形式，采用双层或者一层半的包装箱。

2. 装箱量 要避免装箱量过满或过少造成损伤。装量过大时，葡萄相互挤压;过少时葡萄在运输过程中相互碰撞，因此装量要适度。国家农产品保鲜工程技术研究中心(天津)对葡萄装箱量与运输质量的影响做过调查，100%的装箱量有利于葡萄的长途运输;85%的装箱量葡萄腐烂率明显增高。葡萄是不耐压的水果，包装容器内应加支撑物或衬垫物，以减少货品震动和碰撞。箱内衬垫物的有无，对防止果穗在搬运过程中的伤害十分重要。日本高档巨峰果包装是在小纸箱底部垫6毫米的软塑泡沫，再垫衬一张软纸，而山形县产的意大利葡萄每穗分别包装，用一个一面为韧性好的软纸，另一面为透明极好的塑膜做成的纸袋，将果穗轻轻放袋内，然后放入包装箱中。一般葡萄则直接用生长期葡萄套袋的纸袋为衬垫。美国在运输或贮藏硬肉型欧洲大粒葡萄时，箱内垫有新鲜锯末或细碎刨花。包装物（含外包装、内包装、衬垫）的重量，应根据货品种类、搬运和操作方式而定，一般不超过总重的20%。

葡萄不宜多次翻倒，否则会引起严重损伤，造成贮运过程中的腐烂。据辽宁省北票市的经验，巨峰葡萄从树上采下后，应立即剪去病、残、伤果，放入衬有塑料膜的包装箱内。这个箱也就是贮后投放市场的包装箱，做到一次装箱入贮，不再翻倒，这是贮存的关键措施之一。另外，葡萄货品包装和装卸时，也应轻拿轻放。

葡萄销售小包装可在批发或零售环节中进行，包装前剔除腐烂及受伤的货品。小包装销售应根据当地的消费需要选择透明薄膜袋、带孔塑料袋，也可放在塑料托盘或纸托盘上，外用透明薄膜包裹。销售包装袋上应标明重量、品名、价格和日期。销售小包装应具备美观、吸引顾客、便于携带并起到延长货架期的作用。

四、运　输

运输是新鲜葡萄从生产地运往消费地的桥梁，通过保鲜运输可满足人们生活需要，丰富消费者的“果篮子”。葡萄运输有利于葡萄产业的发展。葡萄市场有90%以上葡萄是异地销售。没有良好的运输条件和设施，生产的葡萄运不出去，将影响葡萄产业的发展。

(一)运输的基本条件

运输中的要求与贮藏过程相似，所不同的是贮藏是静止状态的保鲜，而运输是运动状态的保鲜。运输中要求的条件除去温度保证外，还对震动强度有一定的要求。

1. 震动　葡萄在运输过程中由于震动会造成大量的机械伤，从而影响葡萄的品质。因此，震动是葡萄运输中应考虑的重要环境条件。

运输方式、运输工具、行驶速度、货物所处的位置等，对震动强度都有影响。一般铁路运输的震动强度小于公路运输，海路运输的震动强度又小于铁路运输。铁路运输途中，火车的震动强度通常小于1级。公路运输其震动强度则与路面状况、卡车车轮数有密切关系。车轮数少的震动强度大于车轮数多的。路面好坏，震动强度差别也很大。

在运输过程中，由于震动和摇动，箱内葡萄逐渐下沉，使箱内的上部出现了空间，使葡萄与箱子发生二次运动及旋转运动，箱上部受到的加速度是下部的2～3倍。所以，上部的果实，易脱粒和受伤。同时，还会产生共振现象。这时，在车的上部就会突然受异常震动。箱子垛得高，共振越严重。

葡萄在运输前后的各种加工操作对震动大小也有影响。装货仔细，将降低货物运输过程中震动强度；粗放装货将使震动强度增加2～3倍。

2. 温度　温度对葡萄运输的影响与贮藏期间温度的影响相同，是运输过程中的重要环境条件之一。我国地域辽阔，南北温差很大，如何保持葡萄运输中的适宜温度，是葡萄运输成功的关键。

(二)运输方法

我国目前主要采用的方法有常温运输、亚常温运输和低温运输。

1. 常温运输 葡萄在常温运输时，货箱的温度和产品温度都受外界气温直接影响，特别是在盛夏或严冬，影响更为明显。常温运输适合于短距离的运输。比较不同包装在常温运输中的温度变化，则木箱与纸箱大体相似，但纸箱堆得较密，在运输途中箱温比木箱高1℃～2℃。

2. 亚常温运输 亚常温是指低于常温而高于葡萄贮藏最适低温的温度。我国目前的葡萄运输大部分采用的是这种运输方式。葡萄采收后首先进行低温处理即“打冷”，也就是预冷，预冷后的葡萄用保温车或卡车加保温层运输。据调查，预冷至0℃的葡萄，用卡车加保温层运输，当外界夜温为10℃、白天温度为20℃情况下，运输7天，葡萄内部的温度仅升高3℃～4℃，贮存效果良好。

3. 低温运输 在低温运输中，温度的控制不仅受冷藏车或冷藏箱的构造及冷却能力的影响，也与空气排出口的位置和冷气循环状况密切相关。一般空气排出口设在上部时，货物就从上部开始冷却。如果堆垛不当，冷气循环不好，会影响下部货物冷却的速度。因此，应改善冷气循环状况，使下部货物的冷却效果与上部货物保持一致。

五、预冷处理

（一）预冷的意义

葡萄在采收后，迅速消除浆果从田间带来的热量，是保持鲜食葡萄品质、节约因机械冷库降温而进行的能源消耗的最好方法。鲜食葡萄在采收后24小时内，温度降低至8℃，其呼吸效率降低一半，贮藏期延长1倍，若葡萄果温降低到4.5℃，可以大大延缓贮藏中真菌的危害与繁殖。采后迅速预冷，还可以防止果梗干枯、失水，阻止果粒失水萎蔫和落粒。

(二)预冷方法

1. 架上预冷 主要是延迟浆果的采收期。当外界环境也就是果穗的温度达到窖内贮藏温度时，将葡萄采收后直接入窖，这样可减少葡萄倒筐、装箱的手续，从而减少了浆果的损失。这种方法多在通风窖藏的地区使用。如山西省在红葡萄贮藏时，便在气温降至6.8℃时，在葡萄架北面用玉米秸遮挡防寒。浆果成熟时，喷布1次200倍液的波尔多液，采前1～2天再喷布1次，延迟至11月20号采收。采后直接入窖。辽宁省西部地区贮藏龙眼葡萄，当10月上旬葡萄浆果成熟时，暂不采收，而是延迟至10月下旬至11月上旬，当棚架果穗温度达到0℃～1℃时，采收入库。这样，采后不需预冷，即可入库贮藏。

2. 架下预冷 当浆果采收时，由于果品温度较高，不宜贮藏。可先将葡萄果穗置于架下预冷。葡萄采收前，先将架下地面整平，如地面干燥，可先浇一次水。当架下土壤含水量达到用手握成团、落地撒开时为宜(含水量大约60%)。在地面上铺一层苇席或地膜。葡萄采收后，将果穗呈单穗平摊在地面上即可。若架上叶片稀少，可用苇席等遮盖物遮阴。在架下预冷的果穗有下列优点：①可随采收，随手放在地面上，省时省工。②由于架下土壤湿润，便于吸收果穗的热量。③架上遮阴与果穗有一段距离，便于果穗间空气流通，能迅速带走果穗的田间热。

3. 背阴处预冷 葡萄采收后，可先装筐，也可先将葡萄转移到背阴通风处进行预冷。如果装箱，将箱堆成花垛，并垫高10～15厘米使之四面通风，利用空气流通，可迅速降温。如果不装筐，可采用架下预冷的方法，下面铺上苇席或塑料薄膜，将果穗摊开，利用冷空气带走果穗中的热量，达到贮藏温度时包装入库。

4. 车厢预冷 需要立即长途运输的葡萄,可装入冷藏车中,进行车厢预冷。在预冷过程中,要保持果穗周围的空气相对湿度保持在 90%～95%以上,防止果穗失水,降低贮藏品质。

5. 冷库预冷 在 0℃冷库内堆码果实,冷却时间为 10～72 小时。预冷库空气流量须每分钟达 60～120 立方米。注意堆码方式,使全库均匀通风。包装箱的通气眼面积应大于边板的 2%。此法不用特殊装置,但需较快冷却库容。此法冷却速度慢,但是具有操作方便,果蔬预冷包装和贮藏包装可通用的优点。预冷后不需要重新倒箱,保持较干爽的状态。更为重要的是,预冷的设施是冷库,不需要为此另行投资。由于以上优点,冷库预冷已成为葡萄贮藏的主要预冷方式,该方式也是葡萄预冷较好的一种方式。必须指出,对于像红地球、利比尔等对 SO_2 型保鲜剂敏感的品种,极易发生漂白伤害,入贮后预冷速度太慢是主要原因。对这类品种来说,修建预冷库则显得十分重要。

第四章　葡萄的采后损耗及其控制

一、葡萄的采后损耗

葡萄浆果的采后损耗可分为侵染性损耗和非侵染性损耗。侵染性损耗是由于浆果在采后受到病菌的侵染，破坏果实的组织结构及其化学成分，从而引起腐烂和损失。侵染浆果的病菌一般从伤口侵入，并借助机械损伤和生理病变的影响，加剧浆果的腐烂。非侵染性损耗是不借助病菌侵染而造成的损耗，包括自然损耗和人为损耗。自然损耗是由于浆果水分的蒸发、呼吸基质的分解及消耗，使果实重量减轻、品质下降。人为损耗是浆果采收后，由于在浆果采收、包装、运输过程中造成了机械损伤，或贮藏条件不适宜，如温度过高或过低，贮藏期内管理不善等原因，使品质下降，组织损伤，食用价值降低，甚至腐烂。

造成采后非侵染性损耗的因素主要有以下几点。

(一)水分损失

浆果中有80%～90%的水分来维持果实饱满新鲜。在浆果采收前，果实从树体中得到水分供应，以满足浆果的水分蒸发。而浆果采收后，果实不能再从树体中得到水分，在运输和长期贮藏中，浆果内的水分不断蒸发，从而使浆果重量减轻。当浆果内水分蒸发到一定程度时，果皮出现皱缩现象，形成了浆果的萎蔫，造成食用品质降低，酸味浓，甜度低，重量损耗增大，商品价值降低。同时，由于浆果萎蔫，果实中酶的活性加强，促进糖及果胶物质的水解，抗病性降低。因此，在浆果采后及贮运管理中，要防止水分损失，避免浆果萎蔫，减少自然消耗，是非常重要的措施。

浆果的水分蒸发程度与浆果的品种特性有关，不同品种，水分蒸发的程度不同。一般来说，含水量高的浆果，水分蒸发量也大，果皮厚、蜡被致密而且较厚、果粉完整的果实，水分蒸发少而慢；反之，果皮薄、结构疏松、蜡被少的果实，水分蒸发迅速，损失量大。经过充分成熟的果实，果皮层也较致密，果粉层及蜡质层增厚，果汁糖度高，细胞液变浓，水分蒸发减少，未充分成熟的果实，果皮蜡质层未充分形成，水分蒸发快，所以早采的浆果，或糖分较低的浆果易于失水过度，导致萎蔫，不仅重量减轻，还影响了外观品质，降低浆果的抗病能力。

贮藏环境也影响着浆果的水分损失。贮藏环境空气流动速度快，能加快水分的蒸发和自然损耗，萎蔫现象也严重，贮藏环境的空气相对湿度小，果实水分蒸发加快，果实易于失水；环境温度越高，越有利于水分蒸发。

不同的包装也严重影响着水分的蒸发。一般箱装比筐装的水分蒸发慢，用纸箱装比用木箱或果筐装水分蒸发慢，用塑料袋包装能大大减少水分损失。

（二）低温伤害

低温贮藏能大大减弱果品的呼吸强度，抑制微生物活动，减少水分蒸发，但易引起低温伤害，即冷害和冻害。

冷害是在冰点以上的低温下对果实的危害。不易被发现，移到室温后才出现症状，因此易造成大批果品腐烂变质。常见症状有：果面出现斑痕，组织变色，变硬，失去品种的固有风味。

冻害是在冰点以下，由于温度过低，导致组织内结冰而造成的损害。果实在发生冻害之前，首先发生果实冻结。细胞间隙的水分（即自由水）结冰，当温度继续降低时，细胞间隙的冰晶增大，并从细胞内吸水(即束缚水),细胞内的汁液逐渐浓缩,尤其是液泡中某些金属离子浓度增高。当原生质失水达到一定程度,便引起原生质凝固而变性,不能恢复原状。若当冻结温度还未达到能引起原生质变性的温度时缓慢解冻,细胞间的水还可缓慢地回到原生质中,原生质还能恢复正常状况。如果在高温下迅速解冻,细胞间隙结冰的水来不及进入细胞被原生质吸收,细胞易死亡。此时,果汁会大量流失,不能恢复原来状态,同时,已经冻结的果实经过碰撞、挤压,由于受外界机械压力的作用,触及细胞间的冰晶,冰晶刺破细胞膜,也会引起细胞汁液外流,引起果实变质。

经过冻结的浆果,化学成分会发生明显的变化。水解酶的活性加强,果胶物质会大量水解。因此,糖度降低,果实变淡,酸度增加,果实也变软,易腐烂,不耐久贮。

(三)日　烧

日烧是高温强光造成的直接伤害。果实在短时间内暴露在高温强光下很快会出现日烧症状,主要发生在浆果生长期和临时贮放场所。发生日烧后,果粒的向阳面最初形成淡褐色圆斑,只伤及果皮,果肉只轻微变褐,但不深入。如果病斑逐渐失水,即形成干斑,若遇雨水,即可腐烂。

发生日烧的主要原因是:日烧引起原生质变性,脂类物质溶化,起催化作用的酸失去活性,叶绿素在结构上遭到破坏,从而导致了强光、高温对果实的伤害。

(四)果实发汗

在葡萄浆果入库、贮藏前期,易在果实表面、库顶、库壁及包装物表面形成小水珠,这种现象称为果实发汗。果实发汗为病菌在果实上侵染繁殖与生长创造了适宜的条件,尤其是受到机械损伤的果实,在伤口处病菌借助水珠侵入,造成大量果实腐烂。因此,在浆果的贮运过程中,必须防止果实发汗现象出现。

二、减少采后损耗的措施

针对上述果实采后损耗的原因,可采用以下几种方法来减少或防止葡萄的采后消耗。

(一)防止水分损耗

水分的损耗涉及葡萄的品种特性、成熟程度及环境因素,因此,要根据其品种对环境条件的要求进行贮藏。①要选择成熟期晚、果皮较厚而致密的品种。②要使浆果充分成熟和上色,在采收、运输及贮藏过程中,要轻拿轻放,避免造成机械损伤。③在选择包装上,最好用纸箱和木箱,箱内要衬入塑料袋,并扎紧袋口。④保持适宜的贮藏温度和空气相对湿度,并使之稳定,避免空气相对湿度过低,使蒸发量加大。⑤尽量减少或减缓空气的流动,以减少水分的蒸发。

(二)防止低温伤害

根据各品种对低温的反应,采用适宜的贮藏温度条件,以减轻浆果贮藏运输中发生的冷害。

1. 适时晚采 提高浆果含糖量,并让果穗在架上经受1～2次轻微的晚霜,使果皮增厚,果粉增加,可提高浆果的抗冻性,降低冰点温度。

2. 低温处理 在贮藏前,先用略高于发生冷害的温度处理,增加果品对低温的适应性,以加强果品对以后冷害温度的抗性。

3. 中途加温 又称间歇加温。即在冷藏期间,每隔1～4周进行一次或数次短时间的升温,可以减少冷害。通过间隔加温,可以排除受冷时产生的有害物质,如乙醛、酒精等,使之挥发到环境中去。间隔加温还可以恢复受冷损坏的细胞器结构，保持酶的活性，可以调整受影响的代谢作用。

4. 化学处理　用乙氧喹和氯化钙浸果，或在采收前架上喷果穗，可以减轻冷害的程度，提高果穗的抗冷性。

5. 其他处理　采用气调贮藏、薄膜包装和涂蜡等方法，均可减少冷害发生。

（三）防止日烧

减少日烧，可在较低温度下贮藏和遮阴。常用的措施有：①果实采前，在架上对果穗进行装袋、盖草等，以遮挡强烈阳光，防止日烧发生。②果实采收后，将果穗放入贮货棚或背阴处，或用草席苫布遮盖，避免阳光直射果穗，并立即放入通风、背阴处加强预冷，以降低果实温度。③在果实的贮运过程中，要保持适宜的低温，并适量通风，防止呼吸热及田间热积累形成高温区，伤害果穗。

（四）防止果实发汗

果实发汗是由于温度变化强烈、环境及果穗温差太大、果实周围空气相对湿度过高而引起的，因此在果实入库前，先要进行果实的预冷，以降低果品温度，减少水分蒸发；同时适当降低环境湿度，不使之达到饱和状态，从而控制水珠的形成。在贮运中要不断地给果品定期定量通风，以带走环境中水分，降低空气相对湿度。

第五章　葡萄贮藏保鲜技术

一、葡萄贮藏的适宜环境条件

(一)温　度

葡萄的贮藏温度直接影响着葡萄的贮藏期。一般来说,贮藏温度越高,浆果的贮藏期越短,越容易腐烂变质。因为贮藏温度越高,浆果的呼吸强度越大,作为贮藏物质的糖分消耗越多,各种有机物质分解加快,从而加速了浆果的腐败。随着贮藏温度的降低,浆果的贮藏期延长。但超过浆果的冰点,耐贮性又降低,即形成冻害。葡萄的冰点因含糖量多少而异,含糖量越高,结冰点也越低,一般都在－3℃左右。因此,浆果贮藏最适温度为－1℃～0℃。即使在极轻微冰冻之后,仍可恢复原来的新鲜状态,进行贮藏。但经过深度冻结或长时间冻结状态,解冻后会降低贮藏性能。贮藏环境的温度忽高忽低,变化幅度越大,浆果的耐贮性也越差。一般要求采收后立即降至－1℃～0℃,并稳定在此范围内。

(二)空气相对湿度

贮藏环境的空气相对湿度是保持果皮、果梗新鲜饱满的前提条件。空气相对湿度越大,果粒、果梗就越新鲜。但空气相对湿度过大,易给病菌活动创造条件,导致腐烂;空气相对湿度越小,虽然可控制病菌的危害,但果粒和果梗易失水,形成果皮皱缩,果粒干枯。在一整穗中,最易失水的部分是穗轴和果梗,其次是果粒。果粒失水严重，多是通过穗轴和果梗造成的。虽然穗轴占果穗重量的2%～6%，但由穗轴损失的水分占葡萄穗蒸发水分的49%～66.5%。因此，保持了环境的相对湿度，就可抑制穗轴的失水。所以，以蜡封穗轴可极大程度地抑制果穗失水。一般要求的环境最适空气相对湿度为90%～95%。

(三)气体成分

当浆果在最适温度和最适空气相对湿度下贮藏时，调节气体成分、降低O_2含量、提高CO_2浓度会延长葡萄的贮藏期。由于葡萄浆果在贮藏过程中没有呼吸高峰，环境中的O_2含量降低时，会降低浆果的呼吸强度，从而减少贮藏物质的损耗，延长贮藏时间。一般认为CO_2为1%～2%、O_2为2%～3%为最适气调成分。

同时，不同葡萄品种所要求的气体成分不同，如玫瑰香要求的最适气体组合为8%的CO_2和O_2；意大利品种则为5%～8%的CO_2、3%～5%的O_2；加浓玫瑰为CO_2 8%、O_2 5%～8%，可贮藏5个月，其损失仅为5%～6.7%，出库率为86%～87%，而普通贮藏的损失率则为10%～14.2%，出库率为55%～71.1%。

二、葡萄防腐保鲜剂的使用

(一)保鲜剂的种类及选择

影响葡萄贮藏保鲜效果的温度、湿度、气体、微生物侵染等4个环境因素中，以微生物侵染占更重要位置。这是因为在采收入库过程中，葡萄不可避免地会出现轻微的伤痕。关于微生物造成的伤害及其控制措施，将在第六章作专门介绍。

葡萄防腐保鲜制品，多以亚硫酸盐为主剂，靠贮藏环境中的湿度，使水分子进入保鲜剂上方孔眼，与亚硫酸盐化合，释放出SO_2，从保鲜剂的孔隙处散至箱内，并抑制霉菌滋生，达到防霉变、防腐烂的目的。因此，选择好的葡萄防腐保鲜剂是贮户能否贮好葡萄的关键点。

1. 选择双起动型保鲜剂 有一类防腐保鲜剂（如 CT_2），其起动因素是水和二氧化碳，即双起动因素保鲜剂，比较适合巨峰等欧美杂种品种使用。这类品种与欧洲种的较大区别是在入贮前期、温度尚未降到 0℃以前的这段时间，果实呼吸强度大，箱内会释放出较多的水和 CO_2，极易滋生霉菌，并造成后期霉变腐烂。因此，贮藏巨峰类品种较适合选用双起动防腐保鲜剂。

2. 双重释放防腐保鲜剂 即前期快速释放与长效缓慢释放二氧化硫相结合的防腐保鲜剂。有些品种（如玫瑰香）对 SO_2 型保鲜剂抗药能力较强，但在采收中易在果蒂与果粒之间出现肉眼看不见的伤痕。因此，宜选用双重释放型防腐保鲜剂。另一种情况是，在多雨地区或多雨年份，果园病害较重，入贮葡萄带菌量相对较多，这种情况最好使用双重释放型防腐保鲜剂。

3. 复合型防腐保鲜剂 指防腐保鲜剂中除 SO_2 型防腐保鲜剂外，还含有其他类型的防腐药剂，靠多种复合药剂在葡萄箱内释放，来实现抑菌、杀菌的目的。据国家农产品保鲜工程技术研究中心（天津）试验，这类保鲜剂主要适合于对 SO_2 抗性较弱的葡萄品种。这些品种使用单一 SO_2 型药剂时，不能像巨峰品种那样放入足量的保鲜剂，但放入保鲜剂的量偏少就会在贮藏中后期因 SO_2 总药剂量不足而出现霉变腐烂。这些品种包括红地球、红宝石、瑞比尔、牛奶、木纳格和大多数的无核品种。此类品种只有通过复合药剂的释放才能实现抑菌、杀菌，又可基本上不出现较严重的漂白药害。因此，这类复合型防腐保鲜剂的主剂原料成本、包装成本等较高，故复合型防腐保鲜剂售价偏高。

（二）防腐保鲜剂剂型的选择

目前，市场上的葡萄防腐保鲜剂有 3 种剂型，即片剂、粉剂和颗粒剂。

1. 片剂 是将亚硫酸盐与多种辅料混合或化合后，经压片机压制成药片(一般每片重 0.5 克)，然后包装在塑膜小纸袋内，每小袋装 2 片药，袋子大小为 4 厘米×4 厘米，通常可贮葡萄 500 克，选择这种防腐保鲜剂的关键是查看片剂的主剂成分、有效含量、SO_2 释放速度和稳定性、释放的起动因素、有效期长短以及与品种、栽培环境的合理配合。

2. 粉剂 该型防腐保鲜剂是以亚硫酸盐为主剂加一些辅剂，通过机械性混合后，按一定量包成粉包，有的先用纸袋装药，然后用塑料薄膜裹卷，药剂从粉包的两端，透过纸袋释放出 SO_2。这种保鲜剂的前期释放速度太快，易发生药害。常用于短期贮藏或抗药性强的低档次葡萄品种的贮藏。

3. 颗粒 该型防腐保鲜剂是近年来研制的新产品，是将主剂、辅剂经机械混合后化合加工成颗粒。其释放速度比较稳定，并有通过调整辅剂配方和化合工艺加工成释放速度和释放量不同的单剂型和复合型产品。这种剂型已在生产上应用。

4. SO_2 型保鲜剂 该剂不仅有抑制霉菌、防止果实腐烂的功能，也有抑制呼吸作用和酶活性的功能。在相当长一段时间内，SO_2 型保鲜剂一直是葡萄防腐保鲜剂的主体产品。但带有超剂量 SO_2 食品，对人体是有害的，因此选择葡萄保鲜剂时，应注意是否附有绿色保鲜材料标志。按美国食品与卫生组织(FAD)的规定，每千克食品内 SO_2 残留量不得超过 10 毫克，即占食品总重量十万分之一的 SO_2。据测定，CT_2 葡萄保鲜剂贮藏后的葡萄，贮后 6 个月果实内 SO_2 残留量不到果实总重量的百万分之五，每千克仅 3～5 毫克。仅为国产葡萄酒内 SO_2 残留量的 1/10。

5. 抑制酶活性的保鲜剂 该剂在葡萄上应用较少。国家农产品保鲜工程技术研究中心(天津)研制的湿度调节膜，内含可吸附有害气体(如乙烯)的吸附剂，另有单独的乙烯脱除剂产品，都是对巨峰等品种入贮后易形成呼吸高峰的葡萄品种有良好作用的产品。

(三)保鲜剂的使用方法

现以北方巨峰品种和使用CT_2保鲜剂为例说明使用方法。

如上所述,CT_2属片剂型保鲜剂,每个小塑膜纸袋内含2片药。使用剂量按每500克葡萄用一包药(2片),若每箱装5千克葡萄,即用10包保鲜剂。投药方法是:在投药前,用大头针在每包药上扎2个透眼,然后均匀地将此保鲜剂放入衬有保鲜膜的葡萄箱内。CT_2保鲜剂为水与CO_2双起动药剂,故药剂不能放入箱的最底层。因为,葡萄在入贮后容易出现结露现象,露滴会顺着保鲜膜流到箱底部,箱底易有积水,若有保鲜药在底层则会造成药袋内进水,药力会快速释放。如葡萄箱为单层包袋,可将保鲜药剂一部分放在箱的上层,一部分放在葡萄果穗之间;如葡萄箱为双层包装,则将一半保鲜药剂放在一层与二层葡萄之间,另一半放在上层。

北方的秋季比较干燥冷凉,一些葡萄贮户就在采收的葡萄装箱后把扎过眼的保鲜剂随即放入箱内,即装完第一层葡萄时把一半药剂均匀放入箱内,然后装第二层,即最上层葡萄,随即把保鲜剂夹放在葡萄穗之间或直接散放在上层。也有的贮户在葡萄入贮经预冷后才放上层葡萄用的保鲜剂。当使用双层包装箱时,宜在田间将一、二层之间的药放好,以免入贮后放药不方便。贮藏实践表明,一、二层之间放药及放药量对贮藏至关重要。因为,贮藏后期的腐烂大多数从下层开始,除下层葡萄易受挤压损伤的因素,下层葡萄接触保鲜剂的数量也是不可忽视的因素。在田间一层葡萄码完随即放药,既方便,又均匀。故北方地区田间装箱时,放中层药更适宜些。由于CT_2是长效缓慢释放型并由水起动的药剂,田间放药可能会散失一点药剂,但对药效不会有太大影响。放药均衡的最佳方法还是采用单层包装箱为宜。

放药量与药袋扎眼数直接影响葡萄的贮藏效果，药量偏多或扎眼数增加会使葡萄出现 SO_2 漂白葡萄和污染果实；药量偏少或扎眼数少又会造成 SO_2 在箱内的浓度不够，致使霉菌滋生并腐烂。

1. CT_2 的投药情况　投药 CT_2 有时可偏少，按巨峰品种果实每 500 克放 1 包，扎 2 个透眼为一般标准，如放药量少于此量为投药偏少。

对 SO_2 敏感的品种放 CT_2 药要少些。如前所述，红地球、木纳格等不抗 SO_2，而 CT_2 药扎眼后释放的防腐气体主体是 SO_2。所以，这些品种通常每 5 千克果实投放 CT_2 药 6～7 包，但必须补加其他药剂。

田间带菌量少的葡萄可少放些 CT_2 药。如当年田间病害控制较好，基本上没有田间流行病害，特别是果实成熟期雨水偏少，葡萄病害较轻；果实在坐果后及时套袋防病；树势健壮，果实负载量适中，果实质量好。在这种情况下，可以适当减少 CT_2 投药量，每 5 千克果实中可放 9 包 CT_2 药，较正常放药量减少 5%～10% 为宜。

2. 可投药量不变，适当增加扎眼数　在北方地区果实成熟期雨水偏多，田间病害普遍较重的年份；从管理水平较低，病害控制不良的果园采摘葡萄时；南方地区果园普遍湿度较大，葡萄带菌量偏多时；从较远处果园采摘葡萄入贮或收购二手葡萄入贮等，均应保证投药量充足，即每 500 克葡萄保证按 1 包 CT_2 保鲜剂投放，只能稍多，不能减少，平均扎眼数可从 2 个透眼增加到 2.5 个透眼，如果只是短期存放（1～2 个月），也可增至 3 个透眼。以 2.5 个透眼一袋 5 千克包装为例，即 5 千克葡萄应投放 10 包 CT_2 保鲜剂，其中 5 包保鲜剂上扎 3 个透眼，另 5 包扎 2 个透眼。扎眼数越多抑菌作用越强，但药害也可能更重些，所以要根据葡萄的具体情况掌握扎眼数，并在实践中学习掌握。

（四）调湿保鲜垫的使用方法

调湿保鲜垫是由CT_1粉剂等加工的复合药膜，主要用于红地球、木纳格、牛奶等不抗SO_2品种的贮藏保鲜。早先使用的CT_1药属无起动因素保鲜剂，即不论贮藏环境的湿度、CO_2、温度等情况如何，都会在打开包装袋后药剂开始自动释放。新型调湿保鲜垫对于外包袋材料和包装袋的热合都有极严格的质量要求，只有在葡萄预冷结束和扎口前才可打开包装袋，并取出调湿保鲜垫放在葡萄箱的上层中间，并立即扎袋口。如前期葡萄箱内有结露，此时露滴可直接滴落到调湿垫上或被主动吸附在调湿垫上。新型CT_1保鲜剂是水起动因素药剂，可保证葡萄箱在湿度偏大、温度偏高的前期，也就是霉菌极易滋生和侵染的前期，靠CT_1迅速释出杀菌气体杀菌。红地球、木纳格、牛奶等使用的调湿保鲜垫就是靠CT_1药释出杀菌气体，补充CT_2药剂总量偏少抑菌力不足的缺点，从而达到应有的抑菌效果，又不因SO_2造成较重伤害。调湿保鲜垫可吸附入贮早期箱内过多的水汽，又可补充贮藏后期箱内湿度不足的问题。

贮户若能保证入贮葡萄的快速预冷，封袋后又基本无结露现象，那么此类贮库没必要放调湿垫，但含复合型药剂的保鲜垫还是要放的。

（五）葡萄保鲜剂的制作

1. 葡萄复方保鲜剂

（1）配方（重量比）　焦亚硫酸钾97克、硬脂酸钙1克、硬脂酸1克、明胶1克、水适量。

（2）制作方法　将上述原料中的焦亚硫酸钾、硬脂酸钙和硬脂酸分别制成粉末，再将三者混合均匀待用。把明胶用水进行溶解成黏稠液体，将胶液倒入前面的三者混合粉末中，制成片状，以每片 0.5 克为宜。最后得到葡萄保鲜片。

(3)包装或使用方法　把保鲜片放于包装好的葡萄中，按 0.8～1 千克/片，每片 0.5 克为宜。葡萄的外包装采用瓦楞纸箱或相关容器，内包装为 0.04～0.05 毫米的聚乙烯薄膜。按每箱 8 千克包装。一般将保鲜片按比例放于内包装葡萄上面，并把内袋口扎牢。然后将包装好的产品放入冷库，保持温度在 10℃以下，空气相对湿度为 85%～95%。

(4)效果分析　该保鲜片可使葡萄有较好的保鲜效果，使用和操作方便，保鲜期由贮藏条件决定，在上述条件下，可保鲜 3 个月以上，当冷库温度在－1℃～0℃时，且保持上述的空气相对湿度，最长保鲜期可达 7 个月。

2. 葡萄简易保鲜剂(片)

(1)配方　焦亚硫酸钠(或亚硫酸钠)1 千克、无水硅胶 2 千克。

(2)制作方法　按上述配方比例计量备料，其原料选用食品级的，分别将两种原料用研磨的方式使之研磨成 500 目的粉剂，然后将两种原料的粉剂用透气性好的包装材料进行混合包装，一般用低塑复合材料包装，按每小袋 18～20 克包装，相当于干燥剂试样。

(3)包装或使用方法　将采摘的新鲜葡萄去除病害与伤残果后，包装成袋或包装成箱，再放入上述保鲜剂，按 2 千克葡萄用 1 袋(18～20 克)保鲜剂进行，先将 0.04～0.05 毫米厚的聚乙烯塑料袋平放于瓦楞纸箱(或当前的容器)中，再整齐平放葡萄，一般为 2～3 层葡萄，再将保鲜剂放于葡萄上方，并置放小于 10℃的常温库中，保持空气相对湿度为 85%～95%。

(4)效果分析　该保鲜剂效果好，使用方便，在上述条件下，可保鲜 3 个月，如在 0℃～1℃的冷库中，保持空气湿度在 90%～95%，则可达 8～10 个月的保鲜期。

三、葡萄产地利用自然冷源的贮藏保鲜技术

利用自然冷源贮藏是果品产地贮藏最常用的方法之一。它是利用和调节自然低温，使贮藏场所维持较低温度进行贮藏的方法，其中包括沟藏、堆藏、架藏、窑窖贮藏和通风库贮藏等。这些贮藏场所结构简单，建造成本低，在我国应用普遍，并且果农在此方面积累了丰富的建造和管理经验，目前在果品产地仍发挥着较大的作用。

（一）地沟贮藏保鲜技术

地沟贮藏保鲜简称沟藏，是充分利用土壤保温性、保湿性进行贮藏的一种方法。一般是从地面挖一深入土中的沟，其大小和深浅主要根据当地的地形、气候、贮藏果实的要求和贮藏数量等来决定，然后将果实堆放其中或按一定顺序摆放，随外界气温的降低，用秸秆或塑料薄膜、土覆盖，覆盖厚度以恰能防冻为止。

选择背风处挖沟，沟深 0.6～1 米、宽 1 米左右、长度随贮果量和场地大小等情况而定（图 5-1）。

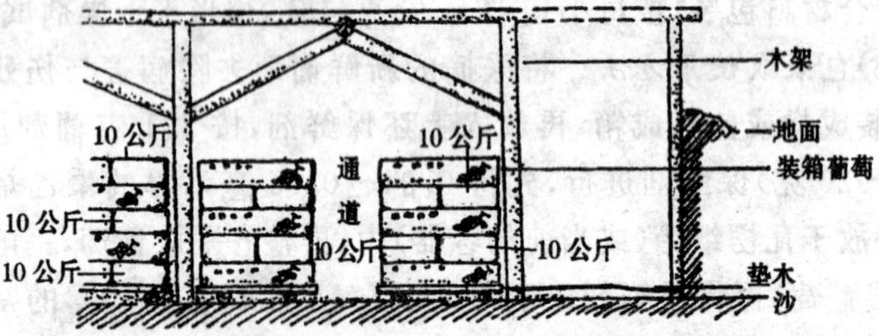

图 5-1　沟藏葡萄纵剖面示意图

覆盖技术是沟藏成败的主要关键，必须根据气温变化分次覆盖。覆盖过厚，贮藏的水果温度太高，易造成腐烂；覆盖薄了会使

其受冻也不利于贮藏。

沟藏的特点是在晚秋至早春可充分利用低温，在不同地区通过调整沟深、沟宽和合理覆盖管理来创造适宜不同果实需要的贮藏温、湿度环境。所需设备简单，成本低，可就地取材，较堆藏温、湿度稳定，贮藏时间长。沟藏存在的主要问题是：在贮藏初期和后期的高温不易控制，整个贮藏期不易检查贮藏产品，挖沟需占用一定面积的土地。

(二)棚窖贮藏保鲜技术

贮藏窖的种类很多，其中以棚窖较为多见。棚窖是一种临时性的简易贮藏场所，形式多种多样，其基本结构如图 5-2 所示。

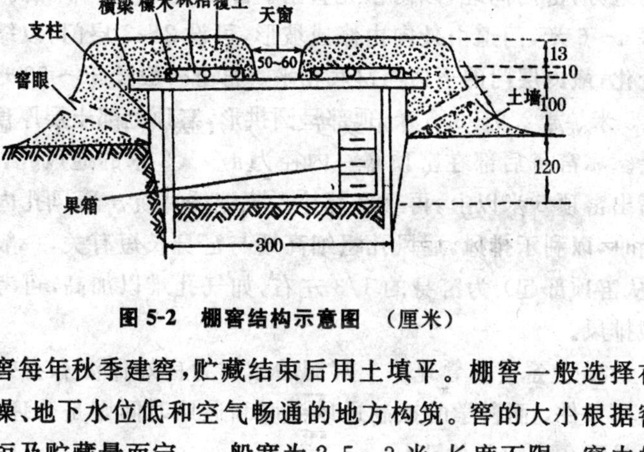

图 5-2　棚窖结构示意图　（厘米）

棚窖每年秋季建窖，贮藏结束后用土填平。棚窖一般选择在地势高燥、地下水位低和空气畅通的地方构筑。窖的大小根据窖材的长短及贮藏量而定，一般宽为 2.5～3 米，长度不限。窖内的温、湿度是依据通风换气来调节的，因此建窖时需设天窗、窖眼等通风结构。天窗开在窖顶，宽 0.5～0.6 米，长形，距两端 1～1.5 米。窖眼在窖墙的基部及两端窖墙的上部，直径为 0.25 米×0.25 米，约每隔 1.5 米开设 1 个。

窖内温度变化主要是根据所贮产品的要求以及气温的变化，

利用天窗及窖门进行通风换气来调节和控制的。窖内湿度过低时可在地面上喷水或挂湿麻袋进行调节。

(三)窑窖贮藏保鲜技术

窑窖俗称土窑洞,其贮藏水果的原理是科学利用了土壤的保温性能。结构简单,建造费用低,建筑速度快。由于窑洞深入土层,受外界气温影响小,温度较低且平稳,空气相对湿度较高,有利于果实的品质保持,加之"八五"、"九五"期间果品产地简易贮藏科技攻关成果的推广应用,贮藏效果明显提高,果品产地窑洞贮藏得到了很快的发展。

1. 土窑洞的结构特点 土窑洞一般选择坐北朝南地势较高的地方,窑门向北,以防阳光直射。窑门宽 1～1.4 米、高 3.2 米、深 4～6 米,门道由外向内修成坡形,可设 2～3 层门,以缓冲温度变化,最内层门的下边与窑底相平。窑身一般长 30～50 米、高3～3.5 米、宽 2.5～3.5 米,顶部呈圆拱形,窑顶上部土层厚度 5 米以上。靠窑身后部在窑顶修一内径为 1～1.2 米的通风孔,通风孔高出窑顶 5 米以上,再靠底部挖一气流缓冲坑。通风孔内径下大上小,以利于排风,通风孔粗细高矮与窑身长短有关,一般气孔高(从窑顶部起)为窑身的 1/3 左右,如气孔难以加高,可考虑用机械排风。

2. 土窑洞的管理 土窑洞的结构为良好保温和有效通风创造了条件,而科学的控制通风温度和通风时间则是管理的核心,也是贮藏成败的关键。

(1)窑体消毒 由于土窑洞内有大量病原微生物存在,易引起浆果腐烂,贮藏前必须对窑内及所有器具进行消毒处理。具体措施有以下几点。

①在窑内不要乱扔果皮、果梗等物,发现烂果要及时清除。窑内必须经常保持清洁,使霉菌没有生存和繁殖的条件。

②在浆果入窖之前，对窖洞及包装物进行消毒处理。可用硫黄粉、锯末、柴草等物混合后燃烧，使硫黄发烟熏蒸，用量为1～1.5千克/100米^3，发烟后密闭2～3天，然后开窗通气，之后进行贮藏。

③用2%福尔马林或4%漂白粉溶液进行窑体内喷洒、弥雾，也可起到杀菌的效果。喷雾密封2～3天，稍加通风即可入贮。

窑内消毒见图5-3。

(2)入窑初期　管理的重点是降温，充分利用夜间低温进行通风降温。降低窑温应从入窑前开始，当果实入窑时，窑内已形成了温度较低的贮藏环境。白天关闭窑门和通气孔，夜间打开。此时果实温度高，窑温也高，通风量大且时间长。随窑温和果温的下降，通风温度逐渐接近果实所需的适宜贮藏温度，通风时间相对缩短，使果实温度和窑温稳定在适温范围内。

(3)冬季管理　此期管理的重点是保温防冻，经过前期的降温，果实温度和窑温都稳定到贮藏的适宜温度范围，此期要降低通风量，并依据果实温度和外界温度严格选择适宜的通风温度和通风时间，此期通风量要小，天气太冷时要严格封闭门窗和通气孔。

(4)春季管理　此期管理重点是防止窑温回升，严封通气孔和门窗，选择夜间低温时适量通风，尽量保持窑内果实的低温，控制好窑温就为延长贮藏期创造了条件。

(四)通风库贮藏保鲜技术

通风库较棚窖和土窑洞的建筑提高了一步，一般为砖木结构的固定式贮藏场所，它有较完善的隔热建筑和较灵活的通风系统，操作比较方便。我国各地发展的通风库一般长30～50米，宽5～12米，高3.5～4.5米，面积为250～400平方米。库顶有拱形顶、平顶和脊形顶。通风库的四周墙壁和库顶都有良好的隔热效能，达到保温的目的。

清扫窑内脏物

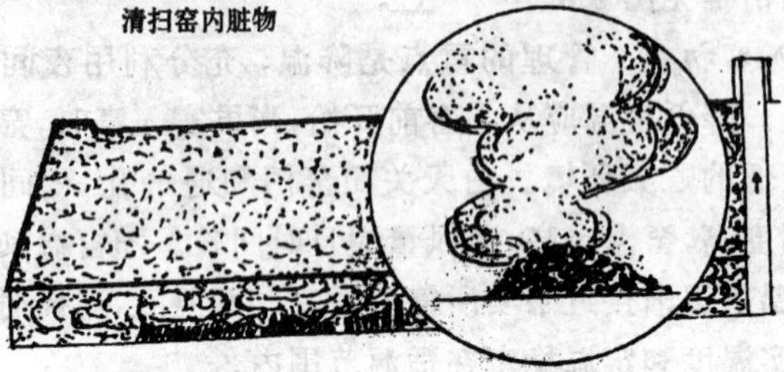

窑内用硫磺粉熏蒸消毒

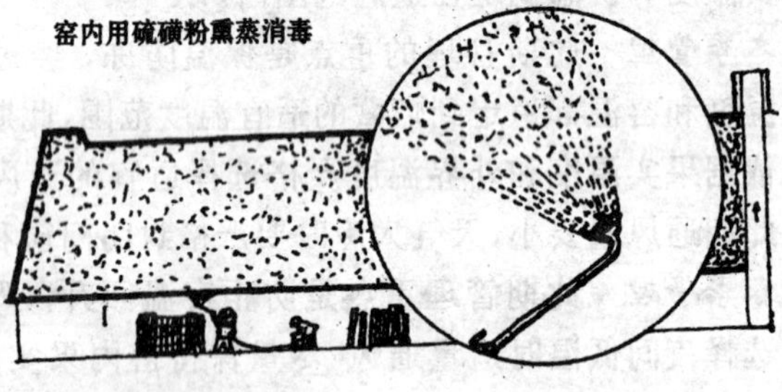

窑内用药液喷雾消毒

图 5-3　窑内消毒示意

通风库一般有地下式、半地下式和地上式三种，以后两种较为常见(图 5-4，图 5-5)。

通风库是在棚窖基础上发展来的，形式和性能比较相似，主要是比棚窖的保温性和通风性增强了，贮藏面积和贮量增大了。由于是靠自然温度来调节和控制库温的，所以管理的基本原则与棚

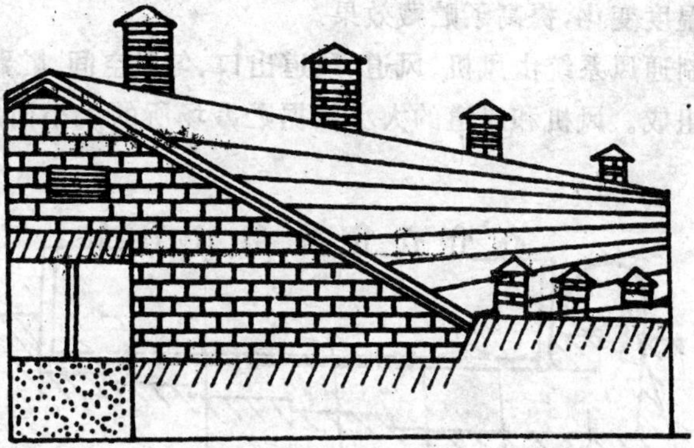

图 5-4 地下式通风库

图 5-5 地上式通风库

窖、土窑洞一样，只是管理的效果比前两者都提高了。

(五)强制通风库贮藏及管理技术

强制通风贮藏库是北京市农林科学院的专利技术，即在通风贮藏库基础上增加了强制通风设施。其特点是将贮藏空间纳入通风系统，并通过强制通风，极大地提高了通风效果，更有效地利用了外界温度变化，提高了贮藏效果。

强制通风系统由风机、风道、风道出口、匀风空间、贮藏空间和出风口组成。风机和风道的大小依据贮藏场所的大小而定(图 5-6)。

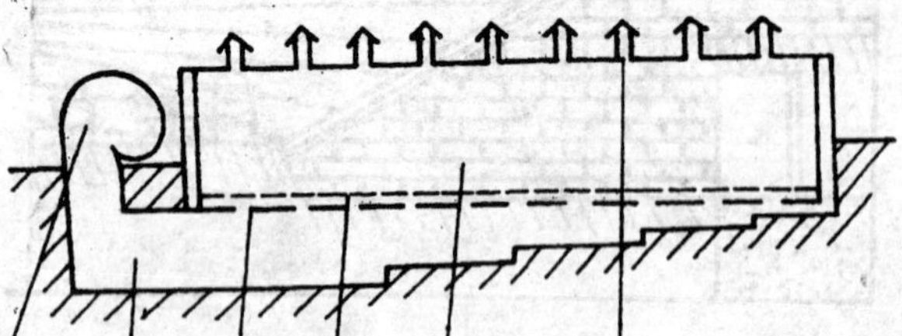

图 5-6　强制通风贮藏库示意图

强制通风贮藏库的管理很简单，整个贮藏期惟一的管理就是开关风机按钮，根据外界温度和果温的变化，选择适宜的外界温度打开风机通风，调节库内的温、湿度。当外界温度不适宜时，则要关闭风机，库内与外界隔离，依靠库体严格良好的保温性能，保持贮藏物在适宜温度范围。此技术依靠科学的堆码密度，保持了果实贮藏中所需的湿度条件，避免了其他通风库湿度小的问题，并依据通风间隔时间长短，有力地控制了库内的气体环境。该技术将通风贮藏中复杂的管理简单化，1～2 人即可管理一个库群，为产地集中大量贮藏创造了技术条件。此技术操作简单、省工、省时，比普通通风库贮藏的质量好，贮藏时间长。但因该方法也是利用自然冷源来调节库温的，因此仍受自然温度的限制，当外界最低气温都高于果实贮藏所需的温度时，就应及时结束贮藏。

四、葡萄的冷库贮藏保鲜技术

葡萄大批量、长时间的贮藏，主要靠机械冷藏库完成，冷库管理的重点是保持冷库温度的稳定性。

(一)温度管理

1. 冷库前期管理 葡萄预冷时间通常是指葡萄品温达到或接近冰点温度(0℃～－1℃)所花费的时间。但实际上，在无专门预冷库或冷库库体偏小的情况下，葡萄很难在敞口顶冷1～2天使果品温度达到0℃。因此，冷库早期温度可调整至比葡萄要求的温度低0.5℃，以加快葡萄预冷。如贮存巨峰品种为主的冷库，前1周左右可将库温降至－1℃～－1.5℃；当果品温度降至0℃左右时，立即将冷库温度提升至0℃～－1℃。第一阶段时间的长短还与包装箱种类有关，因为聚苯板箱、纸箱比板条箱、塑料箱冷热交换水平更差。一般第一阶段宜长一些。严格地说，用聚苯板箱贮藏葡萄并不适合。此外，牛奶、木纳格这些品种，早期冷库温度应控制在－0.5℃～－1℃，然后再提升到0.5℃～－0.5℃。

冷库温度控制随品种而异，也与成熟度有关。凡果穗梗木质化程度高、果粒含糖量较高的葡萄，则较抗低温。果实负载量高、果品质量较差，则葡萄不耐低温。冷库管理人员应根据品种及质量情况，确定合理的冷库温度。

冷库内不同部位温度也有差异，靠近风机的部位温度最低，在冷库进门处无风机一侧的温度稍高。在摆放葡萄箱时，还应视品种、质量差异，选择合适的库位码垛。在冷库风机的风门处及每垛最上层葡萄箱的葡萄容易忽凉(开机阶段)忽热(停机阶段)，可在靠风机部位用塑料膜、麻袋片等遮挡葡萄箱进行调节。如果使用的是板条箱，箱上无盖，则每垛最顶层的葡萄箱要用2层报纸覆盖。

为了节省能源，当库外温度降到 0℃时，应打开冷库的通风机，加速冷库降温，并可降低冷库湿度。当外界温度低于－6℃时，不宜利用自然冷源降温。

2. 氨制冷冷库的管理 用氨制冷的冷库，目前多为手动控温，尚无自动调温装置。其冷库温度是否稳定，完全取决于冷库管理人员的责任心。这在葡萄预冷期间尤显重要。氨制冷冷库普遍存在的问题是夜间冷库温度波动较大。因此，贮户在葡萄入贮前 15 天，应随时入库检查温度。对自动控温的微型冷库，贮户也应在葡萄入贮前 15 天，随时检查库内温度，避免因电压不稳等因素造成自控部件出现故障，导致库温波动。

3. 冷库中后期管理 北方地区进入 12 月份后，外界温度已经很低，制冷机启动次数明显减少。此时，应注意防止库温过低的问题，认真检查冷库的保温情况，一旦发现库温偏低，应及时采取保温措施。

早春是冷库温度管理的关键时期，此时冷库中大部分葡萄已出库销售，所剩葡萄不多，因而库主经常忽视，这种情况极易在氨制冷的大型冷库出现。

无论是自动温控的冷库，还是氨制冷冷库，都应在冷库内不同处设置水银温度计，精确度应达到 0.1℃。冷库内的温度应以库内温度计为准，并注意调整自动控制系统的温度与库内温度的差异，更要防止自动温控系统失灵，做到及时检修温控系统及制冷系统。

(二)湿度管理

目前，我国葡萄贮藏大都在葡萄箱内衬有保鲜膜，因此冷库的控湿问题与保鲜膜的选择有密切关系。通常贮户忽视冷库的控湿，这是不对的。

北方地区晚秋和初冬季节空气比较干燥，而早期葡萄箱内湿度易出现不同程度的结露，因此冷库的湿度应以越低越好。由于各种保鲜膜都有一定的透湿性，尤其以 PVC 保鲜膜透湿性更好些，在贮藏中可以选用。当北方地区贮藏巨峰等耐湿品种时，还应考虑后期冷库的加湿问题。

在葡萄入贮的敞口期，冷库湿度偏低，无疑有利于散失田间带来的水分。但特殊年份，如后期遇涝害或前旱后涝，葡萄入贮后易裂果。贮藏巨峰等极怕干梗的品种，在增加敞口预冷时间中避免巨峰葡萄干梗，可采取冷库地面洒水的办法，适当提高冷库湿度，以延长葡萄的敞口时间。但这种方法会导致风机快速结霜，影响制冷效果，应慎用。

有些情况下，降低冷库湿度十分重要。在建库第一年，如库体封顶是在雨季，则库内湿度过大；在南方多雨地区，库内湿度普遍较大，应在入贮前期，加强冷库通风，降低冷库湿度。

（三）气体流通

葡萄入贮后，呼吸强度较高，一些品种还会释出乙烯等气体，所以冷库应利用夜间低温注意前期的通风换气。在库体管理中做到定期通风换气、保持冷库空气清新洁净，这是冷库管理中应注意的问题。

（四）贮藏过程中的检查与处理

每个库中的果品，要按品种和质量等级分别码垛，以便随时观察葡萄贮藏中的变化。各类果品，甚至不同葡萄园采摘的果品，都应选择有代表性的葡萄箱作为观察箱。因为，葡萄箱在冷库中所处部位不同，温度、湿度有差异，在冷库不同部位应选择若干葡萄箱作为观察箱。对上述不同类型的观察箱，应定期进行检查，贮藏前期和后期可每周检查 1 次，中期可每 15 天检查 1 次。

对葡萄箱的检查，一般是透过保鲜膜观察葡萄有无霉变、干梗或有无较重的药剂漂白。发现上述现象发生时，应抽样敞口检查或从箱内提出塑料袋观察底部果穗的变化情况。由于保鲜药造成葡萄粒漂白的，应视情况而定，采取相应的检查方法，如个别果粒有这种情况，则不必敞口检查，因为这种果粒通常是采收入贮过程中脱落、半脱落和受伤的果粒；如正常果穗有相当多的果粒出现漂白现象，则应抽样检查。

葡萄与其他果品不同，一旦有腐烂现象，通常发展十分迅速。因此，及时检查、及时发现问题、及时销售至关重要。

五、葡萄贮藏保鲜的注意事项

(一)问题及早处理

当贮户发现果实腐烂现象，并有加重的趋势时，可采取如下措施：一是将库温下调 0.5℃，最低至－1.5℃，并抓紧销售；二是将库温下调 1℃，最低至－2℃或再低些，这种情况下，果梗将受冻，果粒不会受冻，此时抓紧销售或使用小型酿酒设备酿制葡萄酒；三是早期发现霉变、腐烂，确定原因后，及时缓解腐烂的进展速度，并抓紧销售。

当贮户发现漂白现象超出正常情况时，并证实是放药量过大或用药种类有问题，则应采取如下措施：首先，调整用药量到适度程度，即适当减少用药量；其次，减缓药剂释放量，改变高速释放快的环境条件，如降湿、降温、稳定温度等。

(二)精细操作步步到位

葡萄是活体，受品种、栽培条件、气候条件和贮藏条件等多种因素影响；贮藏葡萄是个系统工程，在操作中要精细，各步骤工作都要到位，才能贮存好葡萄。

（三）不求贮期长而追求效益

新贮户期望不要过高，不要追求贮期长，不要追求最高价位，应坚持“短贮、快售”、“有利就出库”的原则。市场是不断变化的，有其自身的规律。与苹果、梨、柑橘比较，葡萄更要“精细贮藏”和“多环节配合”。因为有“难的一面”，才有更大的盈利空间。正因为“好贮的，不一定好卖”，“好卖的，不一定好贮”，要不断总结提高。只要贮户能认真学习，总结经验，贮藏葡萄会给你带来可观的效益。

第六章 葡萄贮藏期间的病害及防治

一、生理性病害及控制措施

(一)裂 果

【症 状】 裂果是葡萄贮藏过程中最易发生的生理病害,多发生在果顶或果梗附近。粉红葡萄、红马拉加、无核白、乍娜、里查马特、美国黑大粒等品种易发生裂果。若采前浇水或成熟期多雨,即使果皮较厚的巨峰葡萄,在贮藏期间也会发生裂果,而且会随贮藏期的延长而加重。此病可通过栽培措施加以克服。开裂的果实在贮藏过程中不但自身易腐烂和出现漂白斑点,而且裂果造成"保鲜剂局部积累过多",其余部分葡萄果周围"药劲不足"。

【控制措施】 在贮藏过程中要防止裂果,主要控制措施有以下几点。

①花期至果实采收期应保持土壤水分均衡,避免忽干忽湿。降水量大的年份或者生长前期干旱、后期降水量大的年份,应延迟采收葡萄并延长预冷时间。

②合理修剪,防止过量结果,并给果实进行套袋处理。

③采前喷布 100 倍 CT 葡萄涂膜剂。

④采收及贮藏过程中要轻拿轻放,防止积压、颠簸,包装容量不宜过大,应以单位重量 5 千克以下为宜。

⑤严禁有裂果的葡萄入库贮藏,贮藏过程中降低保鲜袋内的湿度。

(二)冻　害

【症　状】 北方地区，晚熟、极晚熟品种会受各种因素影响而推迟采收期，常会在晚秋遇到早霜冻。即使略低于冰点的温度，却不会伤害果实，但可使果梗变成深绿色，呈水渍状态，贮藏时易受SO_2侵害，出现浅褐色腐烂，最后造成果梗干缩变褐。果实受冻时呈褐色、蔫软或渗出果汁。冻害还导致霉菌侵染，引起霉变腐烂。冻害既可发生在田间，也可因冷库温度低于葡萄冰点引起冻害。长城以北地区，极晚熟品种采收期极易遇早霜、轻霜，若持续时间不长，对果穗影响不大；经受重霜或霜冻危害的葡萄则不能用于贮藏。

【控制措施】

①采收期不宜过晚，应在早霜之前采收完毕。

②贮藏过程中温度应严格控制在－0.5±0.5℃。

③靠近冷风机附近的葡萄应加覆盖物。

④及时观察库内的情况，一旦看到葡萄出现冻结情况应及时调控温度，如果冻结时间不很长，通过逐步升温可以缓解。

(三)药剂伤害

【症　状】 葡萄贮藏期间的药剂伤害主要是指SO_2伤害。受SO_2伤害的葡萄，症状是果皮出现漂白色，以果蒂与果粒连接处的果梗或果皮有裂痕的伤口处最严重，有时整穗葡萄受害。

【控制措施】

①不采摘成熟不良或采前浇水的葡萄用于贮藏。

②对SO_2较敏感的品种(如里查马特、牛奶、粉红葡萄、皇帝、无核白、红地球等)，要通过增加预冷时间、降低贮藏温度、控制药剂用量和包装膜扎眼数量进行预防，或者使用复合保鲜剂，适当减少SO_2释放量。

③减少人为碰伤，一旦果皮破伤或果粒与果蒂间有肉眼看不见的轻微伤痕，都会导致 SO_2 伤害，而出现果粒局部漂白现象。另外，挤压伤也会引起褐变，压伤部位呈暗灰色或黑色，并因吸收 SO_2 而被漂白。

(四)褐　变

葡萄果肉褐变在不同品种上的表现不同，红色品种褐变表现为果实色泽发暗。一些白色品种更易显现，如牛奶、无核白、意大利、白马拉加等欧洲种的脆肉型品种，这类品种在贮藏后期也易出现果肉内部褐变，一般是从维管束开始褐变向果肉扩展，因为这类品种的果实中通常有较高含量的多酚氧化酶。贮藏期要随时注意观察褐变的初始迹象，并及时出库销售。葡萄的褐变由多种因素引起，衰老也是褐变的一种表现，冻害或损伤也能引起果肉褐变。此外，灰霉病等病菌的侵染，果实贮藏过程中气体不适也会引起果肉褐变。

二、真菌性病害及防治

(一)葡萄灰霉病

葡萄灰霉病引起花穗及果实腐烂。该病分布较广，是葡萄产前、产中、产后的主要病害之一。目前，河北、山东、四川、上海、湖南、辽宁、山西、陕西、甘肃、新疆等地均有发生。有的地区，如上海，春季是引起花穗腐烂的主要病害之一，流行时感病品种花穗被害率达 70%以上。成熟的果实也常因此病在贮藏、运输和销售期间引起腐烂。葡萄酿酒过程中，如不慎混入灰霉病的病果，在发酵中由于病菌的分泌物，可造成红葡萄酒颜色改变，酒质变劣。长期贮藏中，该病的危害甚烈，是造成果穗腐烂的主要原因之一。

【症　状】

1. 花穗及果穗　花穗和刚落花后的小果穗易受侵染。发病初期，受害部位呈淡褐色水渍状，很快变暗褐色，整个果穗软腐。潮湿时，病穗长出一层鼠灰色的霉层，其上可见到极微细的水珠，此为病原菌的分生孢子梗和分生孢子，天晴时腐烂的病穗逐渐失水萎缩、干枯脱落。

2. 新梢及叶片　产生淡褐色、不规则的病斑。病斑有时出现不太明显的轮纹，长出鼠灰色霉层。

3. 果实　成熟果实及果梗受害，果面出现褐色凹陷病斑，很快整个果实软腐，长出鼠灰色霉层，果梗变黑色，不久在病部长出黑色块状菌核。

【侵染途径】　灰霉病菌的菌核和分生孢子的抗逆力都很强，尤其是菌核，是病菌的主要越冬器官。灰葡萄孢菌是一种寄主范围很广的兼性寄生菌，在多种水果、蔬菜及花卉上都可发生。因此，病害侵染的来源除葡萄园内的病花穗、病果、病叶等残体上越冬的病菌外，其他场所甚至空气中都可能存在病菌孢子。菌核越冬后，翌年春季温度回升，遇降雨和湿度大时即可萌动产生新的分生孢子。新、老分生孢子通过气流传播到花穗上，长出大量新的分生孢子，靠气流传播进行多次的再侵染且很容易脱落。该菌具有较强的潜伏侵染能力，葡萄生长后期侵染的病原菌可潜伏到贮运和货架期致病危害。

【发病条件】

1. 气象　多雨潮湿和较凉的天气适宜灰霉病的发生。菌丝的发育以 20℃～24℃最适宜。因此，春季葡萄花期，不太高的气温又遇上连阴雨天，天气潮湿，最容易诱发灰霉病的流行，常造成大量花穗腐烂脱落。坐果后，果实逐渐膨大后很少发病。另一个易发病的阶段是果实成熟期，如天气潮湿也易造成烂果，这与果实水分增高、抗性降低有关。

2. 栽培 地势低洼，枝梢徒长郁闭，杂草丛生，通风透光不良的果园，发病较重。灰霉病菌是弱寄生菌，管理粗放，施肥不足，机械伤、虫伤多的果园发病也较重。果实受侵染后，在天气干燥的情况下，菌丝潜伏在果内，不产生灰色霉层，此时不但对果实无害，反而能降低果实酸度，增加糖分。用这种葡萄酿酒时，由于病菌的作用，有一种特殊的气味，可提高葡萄酒的质量，成为一种名牌酒。因此，有人称葡萄灰霉病为“富贵病”。

3. 品种 葡萄不同品种对灰霉病的抗性有一定差异。洋红蜜、红地球、秋黑、巨峰、新玫瑰、胜利、白玫瑰香等为高感品种；玫瑰香、葡萄园皇后、里查马特、美人指、白香蕉等中度抗病；红加利亚、奈加拉、黑罕、黑大粒等高度抗病。

【防治措施】

1. 果园清洁 在病残体上越冬的菌核是主要的初侵染原。因此，结合其他病害的防治，要彻底清园，搞好越冬休眠期的防治。春季发病后，于清晨露水未干时，仔细摘除和烧毁病花穗以减少再侵染病原。

2. 加强果园管理 控制速效氮肥的使用，防止枝梢徒长。抑制营养生长；对过旺的枝蔓进行适当修剪，或喷生长抑制素，搞好果园的通风透光，降低田间湿度等，有较好的控制效果。

3. 药剂防治 开花前喷1～2次药剂预防，可使用50%多菌灵可湿性粉剂500倍液，或70%甲基硫菌灵可湿性粉剂800倍液等。但灰霉病菌对多种化学药剂的抗性较其他真菌都强。也可将50%乙烯菌核利可湿性粉剂在葡萄上使用，每667平方米用70～100克喷雾。

(二)葡萄青霉病

青霉病是葡萄贮藏期间一种较常见的病害，密闭的包装箱内，一旦出现病果，腐烂便会迅速地扩展开来，造成大量烂果，甚至全箱腐烂，危害极为严重。

【症 状】受害果实，组织稍带褐色，逐渐变软腐烂，果梗和果实表面常长出一层相当厚的霉层。霉层开始出现时呈白色，较稀薄，此为病菌的分生孢子梗和分生孢子，当其大量形成时，霉层变为青绿色，较厚实。受害果实均有霉败气味。

【侵染途径】引起果实霉烂的病原是青霉属真菌。病菌为弱寄生性，一般管理粗放、包装过紧或其他原因造成的果实伤口处易被侵染。病害的扩展主要与湿度有关，在包装箱内高湿的条件下，病菌侵入果实，可以很快繁殖，并蔓延到邻近完好的果实上。

【发生条件】此病的发生与葡萄不同的种类和产区有关。在鲜食葡萄和制干葡萄的主产区，温度太高，不利于病菌扩展的最适要求，这种烂果病发生较少。但是，对于冷凉地区的酿酒品种来说，由于果粒紧密，偏凉的温度利于病菌的扩展，该病害发生一般较严重。

【防治措施】详见葡萄灰霉病的防治措施。

(三)葡萄黑霉病

黑霉病发生普遍，但基本上是一种在葡萄即将成熟时发生的烂果病，在葡萄贮运期间也有较多的危害。

【症 状】该病的主要特征是烂果表面产生大量的黑粉状或紫黑粉状物，这是病菌的分生孢子梗和分生孢子。烂果常有一股潮湿的腐败气味。葡萄成熟时开始发生，收获时常只剩下一层干壳，用手轻碰整个腐烂的果穗，便会释放出尘埃状的孢子粉末。此病偶尔也会表现为棕色、浅黄色或绿色的霉腐，这是病菌的其他种引起的。

【发病条件】此病主要是由黑曲菌引起。黑曲菌是一种喜温好湿的弱寄生菌，21℃～38℃的高温最有利于此菌的扩展。因而，此病常见于温热地区。黑曲霉的侵染需要伤口和很高的湿度。病菌的分生孢子存在于各种基质、甚至空气中，但只有果皮破裂或受损伤才受感染。

【防治措施】 控制贮运环境温度 3℃以下，控制气体成分在 O_2 5%、CO_2 5%以下，最大限度地减少果实的机械伤，是防治该病的关键技术措施。

(四)葡萄炭疽病

【症　状】 葡萄炭疽病又名苦腐病，晚腐病，一般只发生于着色或近成熟及采收期的果实上。着色后的果实发病，初期在果实表面产生针头大小褐色的圆斑，并逐渐扩大凹陷，形成轮纹状的小黑点。发病严重时，病斑可扩展至半个或整个果面，果粒呈软腐状，易脱落。在干燥天气条件下，果实失水缩成僵果。果梗或穗轴发病时，则病部以下的果穗果粒萎蔫干枯，脱落。

【发病条件】 当病菌侵入幼果后即行潜伏，直到果穗采收前后，病菌重新活动而扩展，可通过风雨、昆虫传播到果穗上。病菌发育的最适温度为 20℃～30℃，最高为 36℃～37℃，最低为8℃～9℃。因此，在高温季节，葡萄果粒着色时，病害往往流行危害。

【防治措施】

1. 搞好清园工作 将果园内的病果穗、残枝落叶等彻底清除，集中烧毁，以减少果园内的病原基数。

2. 加强夏季管理 及时间伐过密植株，摘除过密叶片，改善通风透光条件，以减少发病机会和程度。同时增施磷、钾肥，提高植株抗病能力。雨季加强排水管理，后期保持土壤适当干燥，以提高浆果糖度和着色，提高果粉形成能力，可增强抗病性。

3. 生长期用药 在盛花后 10～15 天即幼果开始膨大时，每隔 15 天按药剂说明喷布一次退菌特、多菌灵、杀毒矾或其他杀菌剂。之后，再喷 240 倍等量式波尔多液加以保护。

4. 果穗套袋 从幼果期开始，进行果穗套袋，可阻止病菌侵染，减少发病机会，从而提高浆果的贮藏品质。

（五）葡萄黑腐病

【症　状】 葡萄黑腐病主要危害果实。果粒发病时，一般呈紫褐色小班，病斑扩大后，其边缘呈褐色，中部灰白色，且微凹陷，果粒软腐。在干燥的气候条件下，常失水干缩，变成黑色僵果。湿度大时，病粒呈腐烂状。

【侵染途径】 病菌在僵果上越冬，在高湿条件下，即可侵染健全果，并且可不停地进行侵染。黑腐病在高温、高湿条件下易发病，尤其是在成熟期。

【防治措施】

1. 清园　清理果园、库房及包装容器。彻底清扫病果、病叶，并进行库房及包装物的消毒。

2. 加强管理　加强园地内的夏季管理，使葡萄架下通风良好，以降低园内湿度，减轻病害发生。

3. 套袋　架上果穗套袋，阻止病害侵染。落花后即可进行套袋。

4. 生长期药剂保护　开花前、花谢后和果实生长期喷布杀菌剂，随后喷布半量式至等量式 200 倍液波尔多液，以保护果实。

（六）葡萄拟茎点霉腐烂病

【症　状】 该病发病初期，在果粒上产生直径约 1 毫米的淡褐色斑点；幼果时期的病斑到成熟时才扩大，呈水浸状软化腐烂；后期病斑直径为 10～20 毫米，有时病斑可发展至果粒的一半，贮藏期常发病致使果粒腐烂。

【侵染途径】 病菌可在病果落粒、枝蔓、叶等处越冬，成为翌年初侵染原。翌年 6～7 月份，病斑上形成的分生孢子器产生分生孢子，进行传染发病。分生孢子侵染果实 4～10 天后产生褐色病斑，幼果时期感染的病斑到成熟即软化腐烂。果粒成熟期产生的褐点病斑，3～4 天即可软化腐烂。

【发病条件】 气温 25℃左右，果面有露水或湿度高时最易发病。且在贮藏期常可发病较重。

【防治措施】

①清除或烧毁病果、落叶、枝梢。

②避免在葡萄园周围种植梨、苹果、桃等果树，以防传染。

③及时采收已成熟的果穗。应用仲丁胺或 CT_2 号保鲜片防腐，可控制此病的危害。

第七章　葡萄加工用食品添加剂简介

一、食品添加剂的作用

在食品生产过程中，需要经过多道工序，使被加工原料的色泽、香气、滋味及其他品质受到不同程度的破坏，为弥补这些损失，改善产品品质，必须加入食品添加剂，其主要作用如下。

（一）保持和改善产品的色、香、味

良好的色、香、味，是众多食品深受人们喜爱的原因之一。但是，在加工工艺过程中，原料的色、香、味会受到或多或少的破坏，而加入着色剂、香味剂、调味剂等食品添加剂，可保持甚至改善产品的色、香、味。

（二）稳定产品质量

食品的口感，是一个重要的质量指标，在加工过程中，由于浸泡、加热等对原料的作用，使组织受到一定程度的软化，影响口感，此时可加入硬化剂、稳定剂等食品添加剂，使产品具有一定的硬度和柔韧度。

（三）抗原料氧化

葡萄果实中含有多酚氧化酶，会促进其多酚物质的氧化而发生褐变，从而影响产品的色、香、味，而抗氧化剂不仅可保持产品的色、香、味，而且有助于提高营养价值。

(四)增加产品的保藏性

为延长产品的保藏期,除了主要在生产过程中防止微生物污染、加强卫生管理外,也可适量使用防腐剂或杀菌剂,有利于增加产品的保藏性。

二、对食品添加剂的一般要求

作为食品添加剂,在使用时最重要的条件是安全性,其次是工艺性。据此,对食品添加剂的使用有以下几点要求。

第一,食品添加剂本身应经过充分的毒理学评价,在使用限量范围内对人体无害。

第二,对食品的营养成分不应有破坏作用,不能在人体内分解或与食品作用形成对人体有害的物质。

第三,食品添加剂在进入人体后,最后能参与人体正常的物质代谢,或被正常解毒过程解毒后排出体外,或完全不被胃肠吸收而直接排出体外。

第四,食品添加剂在达到一定的工艺效果后,若能在以后的工序中分解或消失,避免进入人体,则是一种最安全的食品添加剂。

第五,食品添加剂应有严格的质量标准,有害杂质不得检出或不能超过允许限量。

第六,食品添加剂对产品的质量应有显著的提高作用,并应在较低使用量的条件下有显著效果。

第七,价格低廉,易于购买、运输和贮存,使用方便,易于检测。

三、食品添加剂使用注意事项

为保证使用食品添加剂时能充分发挥其作用和效果,并保证安全,应注意以下几点。

第一,对有一定毒性的食品添加剂,应按国家规定不使用。必须使用时,应严格按照标准控制使用范围和使用量。

第二,必须严格遵守《食品添加剂使用卫生标准》,使用规定允许使用的食品添加剂,并按规定的使用量和使用范围使用。

第三,不得以掩盖食品腐败、变质或伪造、掺假为目的而使用食品添加剂。

第四,专供婴儿的食品,除按规定可加入食品营养强化剂外,不得加入不适宜的食品添加剂。

第五,同一种食品中使用两种以上添加剂时,要求各添加剂在生产中不产生对人体健康有害的物质,并不得影响产品质量。

第六,复合食品添加剂中的各单项物质必须符合食品添加剂的各项有关规定。

四、葡萄加工常用食品添加剂简介

在葡萄系列产品的加工生产中,使用的食品添加剂较多,主要有甜味剂、酸味剂、着色剂、防腐剂、漂白剂、硬化剂、增稠剂、抗氧化剂及香精香料等食品添加剂。

(一)甜味剂

甜味剂是葡萄加工中使用最多的一种基本辅料,特别是糖水罐头类、果酱蜜饯类、果汁饮料的加工中使用甚多。主要是白砂糖,其次是葡萄糖、果葡糖浆、饴糖、蜂蜜及人工甜味剂等。

白砂糖要求纯度高,含蔗糖99%以上,色泽洁白明亮,晶粒整齐、均匀、坚实,水分、杂质和还原糖含量低,一般经溶解、煮沸、过滤备用。除白砂糖等能提供高热量的甜味剂外,近年来,许多国家极力着眼于开发用量少、甜度高、低热量的天然甜味剂和人工甜味剂，常见的有以下几种。

1. 甜叶菊苷 是从甜叶菊叶中提取出来的天然甜味物质，甜度为蔗糖的300倍。热稳定性强，着色力极弱，不易分解，但其溶解速度慢，渗透性较差，在口中余味时间较长。甜菊苷有降低血糖的作用，适宜于糖尿病患者，还有解酒、消除疲劳等药用价值。

2. 甘草苷 甘草苷是从植物甘草中提取的甜味物质，甜度为蔗糖的100～250倍。生产中常与蔗糖并用。

3. 蛋白糖 即Apm(Aspartme)，又名阿斯巴甜。是一种营养型的氨基酸甜味剂，甜度为蔗糖的200倍，味纯正，无合成甜味剂的苦味、化学味、金属味等。能增加产品风味，减少不良味道。

4. 糖醇类 主要有山梨醇、木糖醇、麦芽糖醇、甘露醇等。山梨醇甜度为蔗糖的50%，但能给以浓度感，在体内被缓慢吸收利用，但血糖值不增加，山梨醇还是较好的保湿剂和表面活性剂。木糖醇甜度为蔗糖的70%～80%，能提供能量但不经胰岛素作用，因此可用来作为糖尿病患者食用的甜味剂。麦芽糖醇甜度为蔗糖的85%～95%，不结晶，不发酵，150℃以下不分解，具有良好的保湿性，几乎不被人体吸收，是健康食品的一种较好的低热量甜味剂。甘露醇是一种含热量低且人体对其吸收率也低的一种甜味剂，也适于生产低能量保健食品。

(二)酸味剂

酸味剂是葡萄系列产品加工中用量仅次于甜味剂的一种重要辅料。食品加工中常用的酸味剂有无机酸(如磷酸)和有机酸(如柠檬酸、酒石酸、苹果酸、延胡索酸、抗坏血酸、乳酸、葡萄糖酸等)。

酸味与甜味相互间存在着减效作用。酸味中有少量食盐则酸味减弱，但在食盐中加少量酸则咸味增强。其中有少量苦味和涩味物质时会使酸感增强。酸味的感觉随温度的升高而增强。葡萄系列产品加工中，使用酸味剂的量必须事先确定糖酸比，酸味剂的不同浓度和用量，都有相对应的糖酸比，对低糖产品，酸用量宜少；对加工高糖产品，酸用量可适当增大。一般对果汁饮料来说，将糖酸比控制在15～25：1是适合消费者口味的。酸味剂的使用除改善风味外，还具有一定的防腐作用。

在各种酸味剂中，柠檬酸、抗坏血酸、葡萄糖酸是令人愉快的酸味。苹果酸微有苦味。磷酸、酒石酸、乳酸、延胡索酸有稍涩的收敛味。根据酸味剂的不同特点，加工中常视原料的不同采用不同的酸味剂。

（三）着色剂

新鲜果实富含色素，但大多数不稳定，在加工处理中会发生不同程度的变化，失去其天然鲜艳的特性，为弥补这个缺陷，在工艺上经常采用人工染色的方法。

食品加工中常用的着色剂为天然食用色素和人工合成色素两类。其中，天然色素虽然安全性高，但价格贵，加工及使用中性质不稳定，易变色，带有异味，因而目前使用还受到一定限制。合成色素中，允许使用的主要有以下几种。

1. 苋菜红　水溶性色素，其结晶为紫红色粉末，无臭，0.01%水溶液呈玫瑰红色。耐光性、耐热性、耐盐性和耐酸性较好。但在碱性溶液中呈暗红色。耐细菌性差。对氧化还原作用敏感，故不适于在发酵类食品加工中使用，最大使用量为0.005%。

2. 胭脂红　为红色至深红色粉末，无臭。水溶液呈红色。耐光性、耐酸性尚好，但耐热性、耐还原性差，耐细菌性也较弱。在碱性溶液中变成褐色。最大使用量为0.01%。

3. 柠檬黄　橙黄色均匀粉末，无臭，0.1%水溶液呈黄色，耐热性、耐酸性、耐光性、耐盐性均较好，耐氧化性差，遇碱变为微红色，还原时褪色。最大使用量为0.01%。

4. 日落黄　橙色细小颗粒或粉末，无臭，易溶于水，其0.01%

水溶液呈橙黄色。耐光性、耐热性、耐酸性很强，唯遇碱呈红褐色。还原时褪色。最大使用量为0.01%。

5. 靛蓝 蓝色粉末，无臭，0.005%水溶液呈深蓝色。耐光性、耐酸性、耐热性、耐碱性和耐氧化性都较好，染色力强，但耐盐性、耐细菌性较差，还原时褪色。最大使用量为0.01%。

以上几种合成色素是国家卫生部门规定允许使用的食用色素，但果实的天然色彩是由多种天然色素组合而成的。在使用时，为得到某些色调，必须用几种色素进行调节，如草莓色可用苋菜红和柠檬黄以73∶27的比例配合而成；青梅色可用胭脂红、柠檬黄、靛蓝以1∶2∶9的比例混合。总之，在色素的使用中，要善于摸索规律，总结经验，使色泽的配比和混合能体现出新鲜果实固有的色彩。

(四)防腐剂

防腐剂指用以防止微生物活动的化学物质，不包括防止其他败坏的化学品(如防氧化、防变色、防变味等)。理想的食品防腐剂应有效抑制酵母菌、霉菌和细菌，而对人体无害；且能在体内进行代谢而不在肝脏内去毒，水溶性好，不残留在脂肪及组织内；不易与其他添加剂或食品成分起作用；无色、无味、价廉。常用的食品防腐剂为苯甲酸及其盐类，山梨酸及其盐类、二氧化硫或亚硫酸及亚硫酸盐。使用防腐剂应经政府卫生部门许可，并按规定用量使用。

1. 苯甲酸及其盐类 苯甲酸及其钠盐作为食品防腐剂使用已有悠久的历史，应用非常普遍。苯甲酸(C_6H_5COOH)不易溶解于水，使用不便，实际生产中多使用其钠盐。在pH低的环境中，苯甲酸及其钠盐对广范围的微生物有效；只对产酸菌作用弱。在pH 5.5以上时，对很多霉菌和酵母没有效果。在pH 4.5时，对一般微生物完全抑制的最小浓度为0.05%～0.1%。其抑菌的最适

pH 为 2.5～4。实际使用苯甲酸及其钠盐时，以 pH 低于 5 为宜。

苯甲酸及苯甲酸钠常用于保藏高酸性水果、浆果、果汁、果酱、饮料糖浆及其他酸性食品，并可和低温杀菌配合，以发挥互补作用。使用方法为：先配成 20%～30%的水溶液，再加入食品中搅拌均匀即可。若直接与酸性溶液相接触，苯甲酸钠容易转化成难溶于水的苯甲酸，失去防腐作用。因此，苯甲酸钠应在加酸之前加入。对浓缩果汁要在浓缩后添加，因苯甲酸在 100℃时开始升华。

2. 山梨酸及其盐类　山梨酸(C_5H_7COOH)不易溶于水，生产中常用其盐类——山梨酸钾，山梨酸及其盐类对霉菌、酵母菌和好气菌均有抑制作用，但对嫌气性芽孢形成菌与嗜酸乳酸杆菌几乎无效。山梨酸及其盐类属酸防腐剂，防腐效果随 pH 的升高而降低，但山梨酸适宜的 pH 范围比苯甲酸广。其使用范围宜在 pH 6 以下，山梨酸能与微生物酶系统中的巯基结合，从而破坏许多重要酶系的作用，达到抑制微生物及防腐的目的。

山梨酸及其盐类在使用时应先用少量水溶解后再投入食品中搅拌均匀。由于其受热会挥发，最好在加热过程后期添加。山梨酸的 1%水溶液 pH 为 7～8，有使食品的 pH 升高的倾向，应予以注意。使用山梨酸及其盐类时应注意卫生，如果将其放入已经污染了大量微生物的食品中，不仅无效，反而成了微生物的营养物质，使食品加快败坏。

3. 二氧化硫　葡萄系列产品的加工和贮藏保鲜中，应用二氧化硫作各种处理。它是具有多种功能的添加剂，是防腐剂、抗氧化剂、护色剂、漂白剂。作为杀菌防腐剂，可用于厂房、容器的消毒，葡萄保鲜剂基本原料等，保证发酵酒中的安全发酵，防治葡萄贮藏中病害的发生；作为抗氧化剂，能阻止加工品的褐变，有助于维生素 C、维生素 A 的保存；作为漂白剂，常用于葡萄的干制。

二氧化硫的状态主要有气体、液体和固体。燃烧硫黄即产生气体 SO_2，用于熏蒸；液体的亚硫酸，用于浸渍；固体的各种盐类，中性(SO_3^{2-})或酸性(HSO_3^-、$S_2O_5^{2-}$)的钠盐或钾盐,直接加入或配成水溶液。

在水溶液中的存在形式为 H_2SO_3、HSO_3^-、SO_3^{2-},在 pH>9.5 时,为 SO_3^{2-};pH 4.5~9.5 时为 SO_3^{2-} 和 HSO_3^-;在 pH<4.5 时,主要为 H_2SO_3。只有亚硫酸或游离态的 SO_2 才有抑制微生物活力的作用。所以,二氧化硫的防腐作用只有在酸性介质中才有效。

SO_2 的防腐作用具有选择性,对细菌的效力大于霉菌和酵母菌。大肠杆菌在 0.01%SO_2 中即停止活动。微生物对 SO_2 的抵抗力(以致死程度比例表示),细菌∶酵母菌∶霉菌为 1∶4∶5。

SO_2 类防腐剂的使用,要注意某些加工环节会降低其作用,如加热和真空处理会使 SO_2 挥发,亚硫酸盐在空气中氧化成硫酸盐而失去防腐能力。由于有效的防腐作用所需浓度可能引起某些产品变味,故一般仅用于半成品的保存。另外,在使用中注意防止和金属接触,以免被还原生成硫化氢,出现异味并加快金属容器的腐蚀。

(五)增稠剂

增稠剂也称为糊料,可以改善食品物理性质,增加食品的黏度,增添食品黏滑适口的舌感。增稠剂的种类很多,多数是以含有糖类黏质物的植物和海藻类制取的,如淀粉、果酸和琼脂等;也有从含有蛋白质的动物原料制取的,如明胶和酪蛋白等。

1. 琼脂 琼脂又称冻粉或琼胶,是一种多糖类物质。琼脂易溶解于热水,即使 0.5%的低浓度也能形成坚实的凝胶。琼脂溶液的凝固温度较高,一般在 35℃即可变成凝胶,所以夏季在室温下也可凝固,不必特别进行冷却。琼脂的吸水性和持水性高,干燥琼脂在冷水中浸泡时,徐徐吸水膨胀软化,可以吸收 20 多倍的水。另外,琼脂凝胶的耐热性也较强。

2. 海藻酸钠　海藻酸钠又称褐藻酸钠，是水合力非常强的亲水性高分子。溶于水呈黏稠状胶体液体，1%溶液 pH 为 6～8。黏性在 pH 6～9 时稳定，加热至 80℃以上则黏性降低。

3. 果胶　果胶系指可溶性果胶，其主要成分是多缩半乳糖醛酸甲酯，它与糖和酸在适当条件下可形成凝胶。

果胶的多聚半乳糖醛酸的长链结构中，其中部分羟基被甲醇酯化为甲氧基，甲氧基含量占全部多聚半乳糖醛酸结构中可被酯化羟基的 7%～14%。这种甲氧基含量高于 7%的果胶，称为高甲氧基果胶，也就是普通果胶。普通果胶中，甲氧基含量愈多，凝冻能力愈大。果胶中甲氧基含量低于 7%者，称为低甲氧基果胶，其形成胶冻的性质便有很大的改变。普通果胶的溶液，必须在可溶性物质含量达 50%以上时，方可形成胶冻。而低甲氧基果胶溶液，只要有多价离子，如钙、镁、铝等离子存在，即使可溶性物质低至 1%，仍可因架桥反应而形成果胶酸盐的胶冻，用这种果胶制造果酱和果冻不仅可增加胶冻能力，还可大大节约用糖。

果胶可用于生产果酱、果冻、果汁粉等食品。在生产果冻时，所用果汁的酸度应达 1%(以柠檬酸计)，因果胶的凝胶需要在酸性介质中，pH 为 3.2～3.4 时，其胶凝力最好。如果果汁的酸度不够，可以添加柠檬酸进行调节。果胶粉的添加量一般不多于 3.5%。预先将其溶解在少量水中调制成 5% 果胶水溶液备用。在煮制容器中将果汁和糖混合，并浓缩成干物质达 65% 的糖浆，然后添加已调制好的 5% 果胶水溶液，继续蒸发到干物质达 65% 时为止。将此煮制物经过滤后倒入成型容器中，然后冷却而形成果冻。

用葡萄生产果冻或果酱时，由于原料中果胶含量较少，可以用果胶作为增稠剂，使用量因品种而异，一般在 0.2%以下。生产低糖果酱时用量可以适当增加。

(六)其他食品添加剂

1. 香料和香精 在香料工业中,为了便于区别原料和产品,把一些来自动、植物或经人工单离合成而得到的发香物质叫香料。如麝香、龙涎香等动物性香料;柠檬油、橘子油等为植物性香料;丁香酚、香樟素等为单离香料;乙酸戊酯、丁酸乙酯等为合成香料。使用这些天然或人造香料为原料,经过调香并加入适当的稀释剂配制而成的多成分的混合体叫做香精,如葡萄、茉莉、玫瑰等香精。

在葡萄系列产品加工生产中,一般使用酒精体香精,称水溶性香精,香味浓度较低,大多不耐热,适用于不经加热操作过程的产品,或加香精时温度不高的产品。

2. 酶制剂 葡萄系列产品加工生产中,最广泛使用的酶为果胶酶,主要用来澄清果汁果酒。使用果胶酶处理,则可大大提高榨汁收得率和澄清效果。

加酶澄清法是利用果胶酶制剂来水解果汁中的果胶物质,使果汁中其他胶体失去果胶的保护作用而共同沉淀,达到澄清的目的。用来澄清果汁的商品果胶酶制剂,系含大量水解果胶的霉菌酶制剂。酶制剂用量是根据果汁的性质和果胶物质的含量及酶制剂的活力来决定的,一般用量为每吨果汁加干酶制剂2~4千克。

3. 抗氧化剂 葡萄加工中使用的抗氧化剂主要是水溶性抗氧化剂。多用于产品的护色,防止氧化变色以及防止因氧化而降低食品的风味和质量等方面。常用的水溶性抗氧化剂是抗坏血酸。

抗坏血酸别名维生素C,白色或略带淡黄色的结晶或粉末,无臭、味酸,遇光色泽变深。干燥状态比较稳定,但水溶液很快被氧化分解,在中性或碱性溶液中尤甚。

抗坏血酸用作啤酒、无醇饮料、果汁等的抗氧化剂,以防止褪色、变色、风味变劣和其他由氧化而引起的质量问题。在果汁和碳酸饮料中，每 3.3 毫克抗坏血酸与 1 毫升空气反应，若容器顶隙中的平均空气含量为 5 毫升，则需添加 15～16 毫克抗坏血酸，就可使空气中的氧含量降低至临界水平以下，从而防止产品在贮存、分配与陈列期间因氧化而引起风味的变化。啤酒中使用抗坏血酸，是在滤酒时加入，使用量一般为 0.01～0.02 克/千克。罐头中添加 0.03%～0.05%的抗坏血酸可以消耗氧而保持原有的品质。

第八章 葡萄果汁饮料生产技术

一、葡萄澄清果汁

葡萄品种很多，全世界有上千个品种，其中大部分用于酿制葡萄酒。世界上用于制作葡萄汁的最佳品种为康可，但在我国没有大面积种植。目前，所选择的葡萄品种包括玫瑰香、巨峰和龙眼等。

（一）工艺流程

葡萄选料→清洗→除梗破碎→提色→榨汁→澄清→过滤→除酒石→过滤→调配→杀菌→灌装→密封→冷却→成品

（二）生产技术要点

1. 原料 在收购时要注意原料的成熟度，未成熟的葡萄糖度低、酸度高、单宁多、风味差。雨天裂果、长霉果以及发酵变质的原料不适合加工果汁。最好使用采摘不超过3天的葡萄加工果汁。

2. 清洗 葡萄在输送带上进行喷淋冲洗，以去除表面附着的泥沙。

3. 破碎去梗 利用除梗破碎机除梗破碎。

4. 提色 将果浆加热至60℃～65℃，保持30分钟，使葡萄皮中的色素溶出。

5. 榨汁 提取色素后的果浆，通过螺旋榨汁机或气囊压榨机榨汁，并进行粗过滤。

6. 澄清　利用果胶酶澄清。果胶酶作用温度50℃～55℃，作用时间50～75分钟，澄清后的果汁经过粗细两次过滤，得到澄清透明的果汁。

7. 除酒石　在葡萄汁中含有酒石酸氢钾(通常称为酒石)，在温度降低后会析出。除酒石的方法就是将葡萄果汁降温至－2℃～－4℃，冷藏5～7天，然后过滤，将酒石除掉。

8. 调配　原料配方：葡萄汁600千克，维生素C 150毫克，果葡糖浆120千克。按照配方混合均匀。

9. 杀菌　采用片式热交换器将果汁加热至90℃，杀菌30秒，进行无菌灌装后，密封、冷却，得到成品。

(三)产品质量标准

1. 感官指标　饮料呈葡萄紫色，澄清透明，具有浓厚的葡萄香味。

2. 理化指标　可溶性固形物12%，酸度0.3%～0.35%。

(四)注意事项

在提取色素过程中，不能过度加热，避免种子和果皮中的单宁溶出过多，影响葡萄汁的风味。

二、芦荟、葡萄复合果汁

芦荟系百合科芦荟属多年生草本植物，拉丁名为Aloe，是集医药、食用、美容和观赏于一体的重要经济作物。世界上的芦荟种类约有500多种，但具有美容、食用等功效的品种只有几种，如日本的木立芦荟，美国的库拉索芦荟，非洲的开普敦芦荟，我国云南的元江芦荟、皂质芦荟等。

目前，已测知的芦荟化学成分就达到600多种，其中有70多种具有较强的生理活性，芦荟含有的主要化学成分为芦荟素、芦荟大黄素、多糖、有机酸、氨基酸、酶类、多肽、维生素和矿物质。这些成分有的单独作用，有的协调发展，发挥着神奇的医疗保健作用。对美容、治疗便秘、健胃、提高免疫力、消炎、止血、镇痛、促进伤口愈合、抗癌、治疗心血管疾病等有奇特功效。联合国粮农组织（FAO）和国内外营养专家把芦荟誉为21世纪人类的最佳保健品。

由于芦荟汁本身味道较淡，而葡萄汁味道滑爽且酸甜适口，我们将芦荟汁与葡萄汁混合调配成一种复合饮料，不仅口感风味得以改善，而且医疗保健功效也可增强，产品试生产后深受消费者的欢迎。

（一）工艺流程

挑选芦荟→清洗→去皮→分切成块→榨汁→芦荟鲜汁＋葡萄汁→调配→定容→过滤→均质→杀菌→灌装→冷却→检验→装箱→成品

（二）生产技术要点

1. 芦荟汁的制备

（1）原料预处理 选择品种优良、成熟度适宜的新鲜芦荟，将芦荟斑点切除，用毛刷将芦荟叶刷洗干净，用片刀将芦荟两侧刺除掉，然后将上、下皮分离去掉，因为此表皮中含有大量苦味素（如芦荟苦素等成分），表皮去掉后能去除苦味，避免暴露于空气中而使芦荟凝胶氧化，生物活性降低。将芦荟叶肉切成2厘米左右长度的块。

（2）榨汁 将切成块状的芦荟肉送入榨汁机内，同时加入10％左右的纯净水，按动开关即可榨出鲜美的芦荟汁，芦荟汁要现用现榨，因为芦荟中所含的芦荟素易被氧化而转化成芦荟大黄素等,能增加芦荟鲜液的苦涩味。榨汁时,为了防止泡沫太多,可加入适量消泡剂。

(3)脱苦涩 芦荟鲜汁有一定的苦涩味,其苦涩味物质主要有芦荟素、芦荟苦素、芦荟大黄素、芦荟大黄素甙等成分,对产品口感有影响。脱除苦涩味的方法有吸附法、包埋法等,具有吸附脱苦涩作用的常用试剂有活性炭、硅藻土、β-环状糊精、聚乙烯吡咯烷酮、硅胶等。据试验,采用0.4%聚乙烯吡咯烷酮(PVP)和0.4% β-环状糊精协同作用进行脱苦涩,效果较好。

2. 葡萄汁的制备 见“葡萄澄清果汁”。

3. 混合调配 芦荟葡萄汁复合饮料的风味、质量与芦荟汁及葡萄汁的质量、含量,蔗糖及柠檬酸的添加量和它们之间的配比密切相关,只有合理的配方和调配工艺才能使最终产品具有良好的风味。实验结果表明,芦荟汁140毫升,葡萄汁60毫升,柠檬酸0.2%,蔗糖5%为最佳配方。

由于芦荟叶肉中含有丰富的果胶质和其他植物化学成分,对产品的稳定性会产生一定影响。因此,为了提高产品的质量,防止饮料产生沉淀,需要加入微量稳定剂。在饮料生产中,常用的稳定剂有CMC、海藻酸钠、卡拉胶、黄原胶、明胶、琼脂等。在应用过程中发现,使用单一稳定剂往往不能取得好的效果。为了克服稳定剂单独使用的不足,可以把2种或2种以上的稳定剂按一定比例复配使用,充分发挥不同稳定剂的优势。研究结果表明,使用0.1% CMC和0.02%黄原胶复配作稳定剂,产品稳定效果最佳。

稳定剂黄原胶和CMC复配后,与白砂糖以1∶10的比例干混均匀,用70℃以上的热水溶解,用冷开水溶解柠檬酸,然后将各种原料按一定顺序在配料罐中混合均匀,并经200目筛过滤,以除去各种肉眼看不见的杂质。

4. 均质杀菌 均质温度为60℃～70℃,压力16±1兆帕,杀菌条件为121℃,6秒。

5. 灌装、冷却 采用无菌灌装生产设备，灌装温度为90℃±2℃，冷却采用喷淋冷却的方式，冷却后中心温度≤35℃。

(三)产品质量标准

1. 感官指标 产品颜色为淡绿色，色泽均匀一致，口感滑润绵长，无分层及沉淀现象，具有葡萄的滑润味道并带有芦荟的清香，酸甜适口。

2. 理化及卫生指标 可溶性固形物≥9%，总酸≥0.25%，砷(以 As 计)≤0.2 毫克/升，铅(以 Pb 计)≤0.3 毫克/升，铜(以 Cu 计)≤0.5 毫克/升，菌落总数≤100 个/毫升，大肠菌群≤3 个/毫升，致病菌不得检出。

三、无酒石浓缩红葡萄汁

浓缩红葡萄汁，可以减少体积，对贮藏和运输都比较有利，而且很容易制成红葡萄汁饮料。红葡萄汁浓缩加工时，往往因酒石结晶而黏附在蒸发器上，造成传热效果差。同时，酒石的存在也易使产品产生浑浊沉淀。为此，我们专门进行了去除酒石的试验，效果良好。

(一)工艺流程

红葡萄原料→挑选→清洗→除梗→破碎→果浆酶提取色素→榨汁→筛滤→杀菌→冷却→果胶酶脱胶→离心分离→灭酶→冷却→澄清→过滤→酒石分离→真空浓缩→无菌灌装→冷却→产品

(二)生产技术要点

果汁生产设备：法国 MECA 公司生产的浓缩葡萄汁生产线，每小时加工葡萄原料 10 吨，包括以下设备：葡萄高压水喷淋清洗设备、葡萄自动除梗破碎机、内气囊袋式榨汁机、葡萄色素冷提取设备、高温瞬时杀菌设备、高速离心分离机、超冷设备、硅藻土精密过滤机、三效降膜式真空蒸发器、无菌灌装机。

纳滤设备：厦门三达膜科技有限公司生产的纳滤膜分离设备。葡萄原汁处理量每小时 4 000 升。

1. 原料选择　成熟度：选用巨峰葡萄，要求充分成熟，着色浓，可溶性固形物 12°Bx 以上。

新鲜度：原料从采收至加工不超过 24 小时，无腐烂、发酵果粒。

2. 除梗与破碎　为保证产品的色泽和风味，要求剔除未成熟的果穗、果粒和腐烂、发酵果粒。然后葡萄通过不锈钢网输送带。使用高压水喷淋设备，从钢网上下对葡萄进行清洗，以除去附着在葡萄上面的杂质和污垢。接着送到除梗破碎机将果粒与果梗分离。

3. 色素提取　由于葡萄色素主要存在于葡萄皮中，使用进口低温高浓度果浆酶 KLERZYME 120 分解果胶，破坏葡萄皮细胞结构，使色素溶出，同时有利于葡萄汁液在榨汁过程中的溶出，提高葡萄汁出汁率。果浆酶使用温度 10℃～20℃，时间 2～3 小时。

4. 榨汁与筛滤　内气囊袋式榨汁机为柔性榨汁，可避免葡萄籽破碎，影响葡萄汁风味，榨取的葡萄汁使用振动筛滤机除去皮、渣等杂质。

5. 脱胶　经过粗滤的葡萄汁应迅速进行灭酶杀菌处理，防止葡萄汁氧化，杀菌温度 90℃～95℃/30 秒，然后快速冷却至45℃～50℃，加入果胶酶 KLERZYME 120 进行脱胶处理，时间 2 小时。

酶解温度高低和时间长短直接影响葡萄汁的透光率，因此控制好酶解温度和时间非常重要。

6. 离心与灭酶　使用酒精法检查脱胶效果，葡萄汁脱胶完成后，使用高速离心机分离出葡萄汁中的酶解沉淀物，分离出的葡萄汁进行高温瞬时灭酶处理,然后快速冷却至0℃以下。

7. 澄清与过滤 离心机分离出的葡萄汁中仍有一部分影响葡萄汁透明度的成分,如酶、酚类等物质,因此要想得到高透明度的葡萄汁,防止红葡萄汁的后浑浊,有必要进行澄清作业。由于膨润土易吸附红葡萄色素,本工艺采用硅胶作澄清剂,用量为300～500克/吨果汁。澄清剂在加入葡萄汁之前应充分溶解,加入葡萄汁之后应充分搅拌,以使沉淀更加完全。葡萄汁澄清温度的高低和时间的长短同样影响葡萄汁的透光度。澄清温度高,时间短,但沉淀不完全;澄清温度低,时间长,沉淀更加完全,葡萄汁的透光度高,但也不能无限期延长,否则葡萄汁有发酵危险,在0℃～5℃时,时间6～8小时为宜。

沉淀完全的葡萄汁通过硅藻土精密过滤机过滤,精密过滤后葡萄汁透光度可达98%以上。

8. 酒石分离与真空浓缩 酒石主要成分为酒石酸盐,大部分是酒石酸氢钾,这也是葡萄中所特有的成分。酒石酸盐常温下在水中的溶解度很小,但在过饱和状态下会缓慢形成晶核,进而晶体长大,结晶析出。刚制成的葡萄汁中酒石酸盐是轻微过饱和的,当葡萄汁装瓶后,在贮藏、运输、销售过程中,葡萄汁中的酒石会沉淀析出。另外,生产浓缩葡萄汁时,在蒸发浓缩过程中葡萄汁中酒石酸氢钾也会因过饱和而析出,并附着在蒸发器内壁上,难于清洗,导致了蒸发器传热恶化,生产效率下降。因此,葡萄汁的稳定性直接影响了葡萄汁的品质。

传统的葡萄汁去酒石的方法有冷冻法、离子交换法、添加偏酒石酸和热处理等。但由于这些方法大多停留在实验室阶段,投资过大或对葡萄汁品质、风味、色泽有影响,根本无法在生产过程中应用。

纳滤介于反渗透和超滤膜之间,是近10年来发展迅速的一项膜过滤技术,其截留分子量在100～1 000之间,精密过滤后的红葡萄汁通过纳滤后,分子量大于100的糖分、维生素、色素、有机酸等物质被截留，易导致酒石沉淀的钾离子则通过纳滤膜。同时，部分水也通过纳滤膜，葡萄汁的糖度则被预浓缩至20°～30°Bx。

预浓缩的红葡萄汁进入三效降膜式真空蒸发器进行浓缩作业，由于红葡萄汁中已去除了导致酒石沉淀的钾离子，在蒸发作业过程中，没有酒石结晶沉淀。另外，预浓缩的红葡萄汁糖度达20°～30°Bx，也缩短了浓缩至 68°Bx 的时间，对红葡萄汁风味、色泽影响也小。

浓缩的红葡萄汁成品立即冷却至 20℃以下。

9. 灌装与冷藏　浓缩红葡萄汁的糖度在成品罐内调整到 68°±1°Bx，使用无菌灌装机灌装后，放入 0℃～5℃冷藏库冷藏。

(三)产品质量标准

1. 感官指标　将浓缩红葡萄汁样品用纯净水稀释至 11°Bx，观察其色泽，品尝其风味。

(1)色泽　稀释后的红葡萄汁清澈透明，呈深紫红色，有光泽。

(2)风味　具有浓郁的巨峰葡萄风味，无异味。

2. 理化指标　糖度(°Bx) 68 ±1，酸度(%)≥5±2，灰分≤0.36%，氨基态氮≥90 毫克/100 克，pH 2.5～3.5。

3. 卫生指标　细菌总数(个/毫升)≤100，大肠菌群(个/毫升) ≤3，致病菌不得检出，霉菌(个/毫升)≤30，酵母菌(个/毫升)≤30，重金属含量符合国家有关标准限值。

四、葡萄可乐型保健饮料

(一)工艺流程

采用玻璃瓶装的可乐生产流程，预调法灌装。

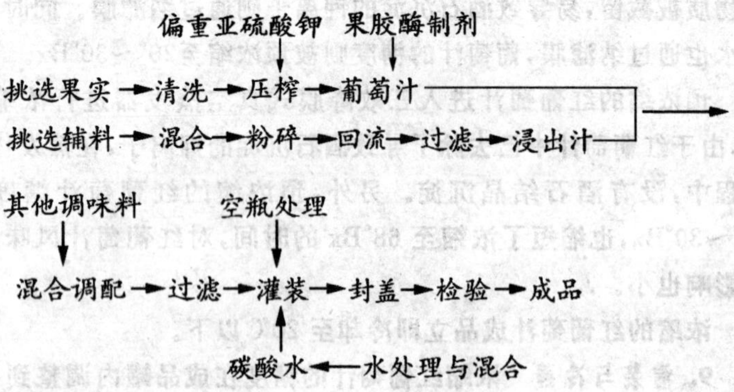

(二)生产技术要点

1. 葡萄汁的制备　见“葡萄澄清果汁”。

2. 辅料浸出汁的制备　根据辅料的营养成分及药理作用，经多次试验，得出辅料配比如下(单位：克/升)：灵芝5、甘草7、何首乌7、桂皮3、陈皮4、当归7、川芎7、枸杞200。将上述各种辅料挑选后粉碎，过10目筛，用热水回流提取2小时，趁热过滤得到浸出汁备用。

3. 空瓶的清洗消毒　瓶子清洗是生产碳酸饮料中必不可少的重要工序。因为，所用的玻璃瓶多数都是多次性使用，往往带有很多的杂菌，若不刷洗干净，必将影响饮料的产品质量。所以，要求洗涤后的瓶子内外要清洁无味，不许残留碱液及其他洗涤剂，瓶内不得检出大肠菌群。

瓶子的清洗，不论使用什么洗瓶机，首先要将特别脏、带有油迹的瓶子选出放入池中，经过特别刷洗后再同其他瓶一起清洗。

在清洗瓶子时，将瓶子放入碱浓度为2%～3.5%的溶液中浸泡10～20分钟，碱液温度在50℃～70℃，洗去泥土、商标及外杂质污物。为了确保杀菌效果，碱液的温度、浓度和杀菌时间都必须根据瓶子的干净程度来调整。常用氢氧化钠(烧碱)和碳酸钠(纯碱)配制而成。

目前,洗瓶时使用毛刷洗瓶机或依靠水压力及产生的涡流喷冲瓶子内外污物。为了灭菌彻底常将洗好的瓶子置于含0.05%～0.1%的高锰酸钾溶液中浸泡 3～5 分钟。也可用氯化杀菌方法进行杀菌。不论使用哪种消毒剂均需确保杀菌效果。

经过杀菌消毒后的瓶子进行冲洗时间不得少于 5～10 秒钟,空瓶外部的冲洗可用自来水喷淋,用灭菌水更好。为了避免瓶子外壁出现积垢而失去光泽,可在水中加入磷酸三钠。最后将洗好的瓶子倒置,以沥干瓶内的水。

4. 水处理　水是碳酸饮料中的重要原料,因为一瓶可乐中,水体积占 85%以上,因此水质必须经过处理,其处理过程主要分 3 个部分:一是除去悬浮物杂质,即水的澄清和过滤;二是除去溶解杂质,即水的软化和除盐;三是水的消毒杀菌。

(1)*澄清和过滤*　在过滤水之前首先要进行沉淀澄清。一般的自然静置沉淀可将水中较大的悬浮固体沉降下来,但这种方法往往需要很长时间,又不能除去细小悬浮颗粒。为了提高沉降速度,常在水中加入一定量的絮凝剂和助凝剂以加快沉淀速度。常用的絮凝剂有明矾,硫酸亚铁和碱式氯化铝。原理是通过絮凝剂带电荷粒子的电荷中和作用,使水中悬浮颗粒失去稳定,相互之间失去排斥作用而聚集起来。一般表水中悬浮颗粒表面起主导作用的电荷是负电荷,需要加入带正电荷的阳离子如铝离子和铁离子。由于絮凝剂的使用常受到水的 pH 的限制,所以需利用助凝剂来提高沉降速度和澄清效力。常用的助凝剂有膨润土等。

经过沉淀后的水再进行过滤就可除去悬浮物。常用的过滤方法是采用砂芯过滤器(俗称砂滤棒),把水中的悬浮物或胶态杂质截留在具有孔隙的砂层中。除此以外,还可采用多层过滤塔,它是由从上至下的细砂、中砂、粗砂、小卵石、大卵石等填充料制成,滤层总厚度为 60～70 厘米,过滤速度一般为 5～10 米/时(线速度)。

以上两种过滤装置都需要定期清洗。清洗方法多用逆洗。就是借助于泵的压力，用清洁的水把滤料冲成悬浮状后，由滤料间高速水流所产生的力量，把悬浮物冲洗下来。冲洗所用水量占整个滤水量的1%～3%，流速为30～70米/时。

(2)软化除盐　含溶解盐多的水，硬度较高，不宜用于制作饮料，必须进行除盐，降低水的硬度。一般水中的硬度主要由钙离子和镁离子的含量形成。为了降低水的硬度，最简单的方法是采用加热煮沸，除去水的暂时硬度。但这种方法耗能既高又不能去除永久硬度，故一般工厂很少采用。常用软化办法是添加一些化学试剂，通常使用石灰和纯碱。如果水为暂时硬度，只需添加石灰便可起到软化的作用。如果水是永久硬度，就需要采用石灰和纯碱两种试剂来进行软化。某些含盐量较高的水就须使用逆渗透压法、电渗析法或离子交换树脂等方法来除去水中的盐分和提高水质纯度。

经过澄清过滤后的水，大部分悬浮杂质包括一些微生物全被除去，但仍然还有一部分微生物残留在水中，因此还需要对水进行消毒。

(3)消毒杀菌　水的消毒就是进一步杀灭水中的病原菌和其他的有害微生物。常用的消毒方法有加热法、光照射法和加药法等。一般常用的是加药法。

加药法有用臭氧和氯剂(又称氯化)杀菌。氯剂价格便宜，容易制取，是目前广泛使用的简单而有效的消毒方法。氯剂有液体氯、次氯酸钠、漂白粉等含有效氯的化合物。这种药剂是依靠氯离子的氧化作用破坏细菌的某种酶系统，使细菌无法吸收养分而自行死亡。漂白粉具有遇水极易分解而失效的特性，因此在存放时应注意容器干燥、封闭、严密。除漂白粉外还常使用氯胺，其比例采用1∶4或小于1∶4最为适宜。

臭氧消毒就是向水中直接加入臭氧。臭氧杀菌能力很强，它不仅可杀死水中的细菌，而且还可消灭细菌的芽孢。

许多饮料厂都喜欢采用紫外线照射消毒法。其优点是操作简单、杀菌效率高（几乎可在瞬间完成），并且水中无残留异味。微生物经紫外线照射后，内部核蛋白分子构造发生变化引起死亡。目前使用的紫外线装置大多数为低压汞灯，此管使用一定时间后，紫外线的发射能力就会降低，因而一般在降低到只有初期功率的70％时，就应更换新灯。

5. 碳酸化过程

（1）影响二氧化碳溶解的因素　CO_2 和水或 CO_2 与糖浆混合的过程，称为碳酸饱和作用或碳酸化作用。CO_2 在液体中的溶解量受混合压力和液体温度、CO_2 气体的纯度和水中溶质的影响、CO_2 与水的接触面积和接触时间的影响。在温度不变的情况下，气体溶解度随压力而增加；在压力不变的情况下，溶解度随温度降低而增加。

CO_2 在液体中的溶解度与 CO_2 的纯度和液体中存在的溶质的性质有关。CO_2 气体中的杂质阻碍 CO_2 的溶解，纯水较含糖或含盐的溶液易溶解 CO_2。最常见的影响碳酸化的因素是空气，水或糖浆中的空气不仅影响碳酸化的效率，而且成品饮料中存在的氧能促进霉菌和腐败菌等好气性微生物的生长繁殖，引起香料等成分的氧化，导致饮料严重败坏。

饮料中的空气除 CO_2 不纯外，还来自水及糖浆中溶解的空气，以及各种管路和设备中混入的空气。为了尽可能去除原料水和糖浆中溶解的空气，减少空气对 CO_2 溶解量的影响，可以进行脱气处理。

水中钙、镁离子的存在，也会使 CO_2 在水中的含量减少。原因是 CO_2 与钙、镁离子结合产生沉淀，这样会消耗部分 CO_2。在碳酸饮料中加入0.05％～0.2％偏磷酸钠或聚磷酸钠等，使饮料中的钙、镁离子生成可溶性复合物，以提高碳酸饮料中 CO_2 的含量。

在温度和压力一定的情况下，CO_2 气体与液体的接触面积越大，进入液体的 CO_2 越多，而且接触时间越长，液体中 CO_2 含量越高。因此，工业生产中选用的碳酸化设备必须做到能使水雾化成水膜，以增大与 CO_2 的接触面积，同时能保证有一定的接触时间。

(2)碳酸化设备　碳酸化系统一般是由 CO_2 调压装置、水冷却器和混合机组成。

要提高 CO_2 在液体中的溶解度，应使水或糖浆冷却降温后再与 CO_2 气体接触进行碳酸化，液体温度一般控制在 4℃以下。冷却水或糖浆的生产方法，常采用在水箱中加设金属冷却排管，通过制冷剂和载冷剂使水箱中的水降温。

混合机的作用是在压力作用下使 CO_2 与较低温度的水或糖浆混合而成为碳酸液。要求混合机在一定的气体压力和液体温度下，在一定时间内，尽量增大两者的接触面积，以达到一定的饱和度。混合机的类型很多，常见的有薄膜式、喷雾式、喷射式和填料塔式。

6. 葡萄可乐的配方及制作　经多次品评鉴别，得出各种原料的最优配比如下：每 1 000 瓶（每瓶 350 毫升）葡萄可乐用料如下：葡萄汁 50 升、辅料汁 30 升、白砂糖 30 千克、磷酸 120 毫升、甜蜜素 0.5 千克、山梨酸钾 175 克、可乐香精 300 毫升，加水定容至 100 升。

(1)调配顺序　首先将白糖加适量水，加热煮沸过滤，制成糖浆。把甜味剂、山梨酸钾等分别用少量水溶解，制成溶液备用。配料的顺序是，在过滤的糖浆中依次加入：甜蜜素溶液、山梨酸钾溶液、磷酸、辅料汁、葡萄汁、色素液和香精，最后定容至 100 升，每种原料加入时应予搅拌，以便混合均匀。

(2)制作　将上述调配好的糖浆过滤后每瓶装入 50 毫升，充满碳酸水后立即封盖，灯光检验合格即为成品。

(三)产品质量标准

1. 感官指标　黄褐色至红褐色;具有葡萄汁的独特味道及可乐型风味,口味纯正,无异味。

2. 理化指标　可溶性固形物≥8%;葡萄原汁≥10%;其他指标符合国家碳酸饮料标准。

3. 卫生指标　符合国家规定的相关标准。

五、葡萄汁生产中的几个技术问题

(一)原料品种问题

原料的优劣是决定成品质量的关键。除了通常工艺要求的新鲜度、成熟度、清洁度外,最重要的是品种工艺特性。作为加工葡萄汁的品种,应具有浓郁的香气,恰当的糖酸比,抗氧化力强,热敏性低等品质。通过生产实践和科学实验选出的品种有康可,康拜尔早生,郑果 25 号,黑贝蒂,美洲玫瑰香和玫瑰露等。

(二)澄清与净化

葡萄中含有果胶、蛋白质、淀粉和酚类物质等,在加工中易引起葡萄汁的浑浊沉淀。另外,在工艺处理中残留的明胶,以及加工操作中接触金属产生的盐类也是引起果汁浑浊沉淀的因素。因此除去引起浑浊的物质,克服工艺缺陷是保证葡萄果汁澄清透明的关键。

除去果胶和淀粉的有效手段是进行酶处理。葡萄破碎后加入适量的果胶酶、淀粉酶,在密闭条件下处理 1～2 小时,既可除去果胶和淀粉,也可提高压榨出汁率,通过精滤可获得澄清的原汁。也可在榨汁后进行瞬时高温杀菌(95 ℃, 25 秒),冷却后加酶制剂除去果胶和淀粉，再进行超滤，也可获得澄清透明的葡萄原汁。有的企业在葡萄榨汁、杀菌、酶处理后用高速离心除去大分子颗粒及沉淀，得到澄清的原汁，但高速离心易使原汁氧化，色泽加深，建议在密闭状态下进行离心分离。

净化是指果汁使用净化剂与果汁某些成分起化学、物理反应，使果汁中浑浊物质沉淀或使某些溶于原汁的沉淀物容易过滤除去，从而达到澄清效果。

葡萄汁的净化一般采用膨润土、硅胶、明胶联合处理工艺，葡萄榨汁后在每100升原汁中添加50～100克膨润土和50克硅胶（事先溶解成15%溶液），快速加热至95℃保持30秒，冷却后加入明胶，同时按每100升原汁加1～2克黄血盐，贮存几天后，取样进行蛋白质热稳定试验，确定澄清效果。膨润土有净化蛋白质和抑制氧化的作用，可减轻净化处理中葡萄原汁因氧化而产生褐变；黄血盐可以除去原汁中的金属盐类（如铁、铜等）；明胶－硅胶可除去蛋白质和酚类物质，因此可以防止原汁在后续加工中产生变色和浑浊沉淀。但明胶的使用量必须事先试验确定，防止使用不足或过量引起浑浊。

净化处理应注意两点：一是处理温度。温度高则原汁黏度低，可以提高净化速度，但原汁易遭微生物污染，芳香物质损失也较大，所以不宜太高，以40℃～50℃为宜。二是原汁的pH值。pH对净化影响较大，pH越大，膨润土净化蛋白质的能力越低，净化速度下降，且低酸度下微生物极易繁殖生长，给加工操作带来困难，故一般以pH 3～4为宜。

通常净化处理和酶处理结合进行，加明胶的同时加入酶制剂，处理后净化效果更佳。经过净化处理的原汁需进行果胶、淀粉检验和蛋白质热稳定性试验，以保证处理的质量。

(三)葡萄原汁的保藏

做好原汁保藏工作，是保证成品质量和扩大生产规模的关键之一。原果汁保藏的方法很多，主要有以下几种。

1. 浓缩汁保藏　原汁经浓缩5～6倍，形成固形物70%左右的浓缩汁，利用高糖高酸在无菌袋中密闭保藏。

2. 低温保藏　原汁经－30℃速冻成冰块，在－18℃下冻藏，低温抑制了微生物和酶的活性，有效地保存了原汁的色、香、味和营养成分。

3. 惰性气体保藏　原汁经95 ℃、20秒杀菌冷却，装入密闭的洁净容器，容器顶部用惰性气体充填，如用CO_2，保持顶部压力在0.1～1千克/厘米^2，在0℃下贮藏。如用氮气，要将原汁内氧气驱赶至原汁含氧量0.5毫克/升以下。试验认为用氮气比用CO_2原汁的颜色和质量更好。

4. 化学保藏　添加山梨酸或SO_2，在0 ℃～－2 ℃下密闭保藏。但要注意，添加量必须符合国家卫生规定，用SO_2保藏的原汁在使用前必须进行脱硫处理，否则风味不佳。

5. 无菌大罐贮藏　原汁杀菌冷却后，在无菌条件下装入经过杀菌的无菌大罐中经密闭达到长期保藏。本工艺要求果汁无菌，罐装容器无菌，输送管道阀门无菌，工作环境无菌。生产操作间洁净度要求达到1 000～10 000级(生物洁净度)。

(四)稳定性问题

葡萄汁在调配灌装后，有时会产生二次浑浊，原因是在前处理中残存的蛋白质、未能完全分解的果胶或净化处理中残留的明胶和金属离子盐类等，引起的浑浊和沉淀。因此，贮藏的原汁在调配灌装前往往还要进行一次澄清净化作业，即采用硅胶－明胶联合净化工艺，以提高产品的稳定性。

另外，葡萄汁中含有酒石酸及其盐类，在经过冬季低温时往往析出结晶——酒石（酒石酸氢钾），形成沉淀，影响产品质量。因此，必须在加工中除去酒石或防止酒石的形成，保持葡萄汁产品的稳定。防止酒石产生的方法很多，主要有以下几种。

1. 添加乳酸钙法 新榨葡萄汁添加乳酸钙，冷却至0℃用超声波处理1分钟，贮藏24小时酒石可全部析出，过滤除去。

2. 冷藏法 将原汁在0℃～2℃冷藏10天以上，促使酒石析出，过滤除去。

3. 离子交换处理 原汁经离子交换柱处理或电渗析除盐，主要是除去钾盐，防止结晶的产生。

4. 加入 $CaCO_3$ 法 在葡萄原汁中加入 $C_\alpha CO_3$ 减少原汁含酒石酸的量，每100升原汁减少含酸量1/ 1 000，需加 $CaCO_3$ 67克。

5. 加入偏酒石酸法 在调配中加入适量的偏酒石酸，可以防止酒石的形成。

另外，加工用水质量也是影响果汁稳定的重要因素。除了水质应符合国家标准外，有些指标有更严格的要求。如总硬度（以 $C_\alpha CO_3$ 计）不得超过100毫克/升，铁的含量不得超过0.1毫克/升等。目前，果蔬汁加工厂加工用水，大都采用电渗析处理水，调配果汁用水一般均经超滤净化。现代化企业是采用通过反渗透获得的纯净水。

果汁的稳定性可以通过后浑浊检验确定。将果汁加热至80℃，冷却后在－18℃下冻1小时，解冻后室温下观察，如果汁液保持澄清透明，说明果汁稳定性良好，不会在灌装后产生二次浑浊（也称后浑浊）。

第九章　葡萄果脯蜜饯制品及小食品生产技术

一、葡萄果脯

葡萄属于浆果，皮薄汁多、不耐煮、不耐压。因此，在糖制时可先行硬化，或不采用糖煮，而只用糖渍操作。另外，在其前期加工过程中，要注意轻拿轻放。

（一）工艺流程

选料→淋洗→摘粒→漂烫→漂凉→糖制→烘制→包装→成品

（二）生产技术要点

1. 原料配方　鲜葡萄 100 千克，蔗糖 70 千克，高锰酸钾适量。

2. 操作要点

（1）选料　选用粒大、无籽或少籽、含糖分高、含酸量大、九成熟以上的葡萄为原料，颜色以浅色为宜。

（2）淋洗　先将葡萄串剪成小枝、再淋洗。用清水淋洗 2～3 分钟后，再用 0.05％高锰酸钾溶液浸泡 5～6 分钟，然后用清水漂洗，洗至水中不带红色时为止，以对葡萄进行消毒。高锰酸钾液每班须更换 3 次以上。

（3）摘粒　从小枝上将葡萄按粒摘下，在摘粒时动作要轻，不要弄破果皮。在摘粒过程中进行分选，剔除伤烂果、病虫害果、斑疤果、过生果及过小果。

(4)漂烫、漂凉　取一锅，加清水煮沸，将选好的100千克葡萄粒入沸水中漂烫1～2分钟，然后立即入冷水池中漂洗，冷凉。再捞出，沥干。

(5)糖制　采用多次糖渍法。取一缸，放入配制好的浓度为30%糖液60千克，再轻轻倒入葡萄粒，浸渍24小时；然后移出葡萄粒，加蔗糖20千克，调整糖液浓度为40%，移入葡萄粒，浸渍24小时。如此反复几次，糖液浓度依次提高至50%、60%、70%，最后一次糖渍时，待葡萄珠显示出透明状，即为糖渍终点。

(6)烘　制

①烘烤温度：将葡萄珠捞出，沥干糖液，摊于烘盘中，送入60℃～65℃烘房中烘烤10小时左右，移出，任其回潮24小时；然后再入烘房，于55℃～60℃温度下烘烤6～8小时，烘至含水量不超过18%时为止，手摸之不粘手即成葡萄脯。

②通风排湿：烘烤中间要注意通风排湿。通风排湿的方法和时间，可根据烘房内空气相对湿度的高低和外界风力的大小来决定，当烘房内空气相对湿度高出70%时，就应进行通风排湿。如室内空气相对湿度很高，外界风力又小，可将进气窗及排湿筒全部打开；如室内空气相对湿度较高，外界风力又大时，可将进气窗和排湿筒交替打开。一般通风排湿次数为3～5次，每次通风排湿时间以15分钟左右为宜。通风排湿时，如无仪表指示，也可凭经验进行。即当人进入烘房时，如感到空气相对潮湿闷热，脸部感到有潮气，呼吸窘迫时，即应进行通风排湿；当烘房内空气干燥，面部无潮湿感，呼吸顺畅时，即可停止排湿，继续干燥。

③倒盘和整形：因烘房内各处的温度并不一致，特别是使用烟道加热的烘房中，上部与下部、前部和后部温度相差较多。所以，在烘烤中，除了注意通风排湿外，还要注意调换烘盘位置及翻动盘

内的葡萄。倒换的时间和次数视产品干燥的情况而定，一般在烘烤过程中倒盘1～2次，可在烘烤的中前期和中后期进行。倒换的方法，一般是把烘架最下部的两层和中间的进行互换位置；把靠火源近的和距火源远的互换位置。

在第二次倒盘时，对产品要进行整形，将其压成或捏成扁圆形，然后再送入烘房继续烘烤。当烘烤至产品含水量在18%左右，用手摸产品表面已不粘手时即可出房。

(7)整修与包装　出烤房的葡萄果脯应放于25℃左右的室内回潮24～36小时，然后进行检验和整修，去掉果脯上的杂质、斑点及碎渣，挑出煮烂的、干瘪的和色泽不好的不合格产品另作处理。合格品用无毒玻璃纸包好后装箱入库。

3. 成品特点　色泽鲜艳，呈半透明状，柔软甘甜，口味鲜美

(三)制作葡萄脯的技术措施

在制作葡萄脯的过程中，技术要求比较高的关键步骤是糖煮，如掌握不好，即使原料适宜也易出现煮烂、干缩、返砂、流糖和褐变等现象。为减少和防止这类问题的出现，可采取一些相应的技术措施。

第一，掌握好糖液中适当的还原糖含量。煮制果脯的还原糖含量是造成果脯返砂和流糖的主要因素，也是引起褐变的主要条件，同时对糖液渗入葡萄果粒的速度影响也较大。因此，有条件的厂家，要经常测定参与煮制果脯糖液的还原糖含量。适宜的还原糖含量与地区、环境、气候条件等因素有关，在气温高湿度大的地区，还原糖量可少些，而在气温低，较干燥的地区，还原糖含量可控制的较大些，但不要超过总含糖量的60%，不低于40%。调整还原糖含量时，可加入砂糖或加入转化糖液和对入含转化糖超量的糖液。对于含酸量较少的葡萄品种，煮制时，如使用新配糖液时，要在糖液中加入适量的柠檬酸，以促进部分蔗糖转化，但切记不可

在过低的pH下煮制葡萄果粒,容易引起褐变。

还原糖的制备比较简单,可先配制65%的糖浆,再加入有机酸,pH值降至2.5左右,煮沸30分钟即成。有的厂家制备还原糖浆时,采用1份水、2份糖、0.05份柠檬酸的比例煮15分钟,也可采用。

第二,为防止煮烂,可采取如下方法中的任一方法。一是煮前用1%的食盐水进行热烫处理;二是煮前用5%的石灰水上清液进行浸泡处理,但处理后需漂净残余石灰;三是为防止褐变,除掌握好还原糖含量外,在预处理中要加强熏硫处理或浸硫处理。

二、香甜葡萄

(一)工艺流程

选料→盐腌→晒制→脱盐→晒制→配料液→糖制→晒制→拌香、植物油→包装→成品

(二)生产技术要点

1. 配方 鲜葡萄100千克,蔗糖20千克,甜蜜素150克,甘草5千克,食盐18千克,香兰素20克,丁香粉100克,肉桂粉100克,植物油适量。

2. 操作要点

(1)选料 选用肉厚、粒大、少籽、七成熟的葡萄,剔除病果和伤果。

(2)盐腌 取一缸,先配制浓度10%的盐水80千克,倒入葡萄粒,浸渍2~3天,待果皮颜色转黄,捞出,沥干盐水。再取一缸,将葡萄和10千克食盐按一层葡萄一层盐装入缸中,腌制5~6天。

(3)晒制 将葡萄捞出,摊于竹席上,置于阳光下暴晒,直至晒

干，晒得葡萄表面有盐霜出现，葡萄也成琥珀色，即成葡萄盐坯。这种盐坯可长期保存。

(4)**脱盐**　取一缸，放入清水100千克及葡萄盐坯，浸泡12～16小时，再以流动水漂洗至口尝稍有咸味为止。

(5)**晒制**　将葡萄粒捞出，摊于竹席上，置于阳光下暴晒至半干为止。

(6)**配料液**　取一锅，将切碎的甘草加清水60千克入锅，加热至沸，熬煮浓缩至50千克，然后过滤，取其清液，加入蔗糖、甜蜜素、肉桂粉和丁香粉，加热溶解成香料糖液。

(7)**糖制**　取一缸，将半干的葡萄坯和香料糖液一起入缸，充分翻拌，浸渍24小时，其间要翻拌数次，使葡萄充分吸收糖液。然后将葡萄捞至竹席上，置于阳光下暴晒至表面干燥，再将葡萄移入缸中，充分翻拌，浸渍24小时。如此反复几次，直至将香料糖液全部吸收完为止。

(8)**晒制**　将吸收完糖液后的葡萄捞出，摊于竹席上，置于阳光下晒至表面不粘手为止。

(9)**拌香、植物油及包装**　将葡萄移至缸中，加入香兰素及适量精制植物油，充分拌和，使葡萄保持一定湿润度。随后，进行定量密封包装。

(三)产品特点

色泽呈棕褐色或深琥珀色，有光泽，质地柔软，微感湿润，甜、酸、咸味适中，香气浓郁。

三、葡萄山楂天然风味复合果冻

由于葡萄果实中果胶含量低，单纯以葡萄为原料生产天然果冻，难度较大。山楂果实果胶含量高，制冻容易，但因出汁率低，致使单纯的山楂果冻成本提高。如果将山楂和葡萄配合使用,则可互相弥补其缺点。因此,将山楂汁与葡萄汁按一定比例混合,取长补短,调配后制成葡萄—山楂复合果冻,经品尝鉴定,口感良好。

(一)工艺流程

山楂汁:山楂→清洗→去梗破碎→浸泡→加热→萃取→过滤→山楂汁

复合风味果冻的生产:山楂汁+葡萄汁→混合调配→浓缩→风味调整→装盘→冷却成形→成品

(二)生产技术要点

1. 山楂汁的制备 将山楂挑选清洗后去梗去花萼,人工进行适当破碎,然后加入果重1.5～2倍的水,加热至60℃并保温6～8小时,萃取果胶及其他营养物质。然后用过滤机过滤或用双层纱布过滤,得到一次汁。若残渣中果胶物质含量仍较高,还可进行第二次萃取,萃取时的加水量为第一次的1/2,方法同上。

2. 葡萄汁的制备 见第八章。

3. 复合风味果冻的生产 将葡萄汁与山楂汁按1∶2的比例混合,然后煮沸浓缩。同时按果汁总重1/2的量称取白砂糖,配成85%的糖液,煮沸过滤后加入到上述果汁中,加热浓缩。浓缩过程中不断搅拌,待浓缩物温度上升至103℃～104℃时,再加入少许橙汁或橘汁,继续加热浓缩至终点。

4. 终点判断

(1)温度测定法 用酒精温度计测得沸点温度达104℃～105℃时即可出锅。

(2)折光仪法 取一滴浓缩液滴在折光仪的玻片上,当浓度达到60%以上时即可出锅。

(3)挂片法 用竹片或玻璃棒蘸浓缩液后挑起,观察液滴下落情况，几秒钟内竹片或玻棒下端的液滴欲滴而未滴，说明已达到浓缩终点。

(4)冷水法 取一盆冷水，用玻璃棒挑起一滴浓缩液滴入冷水中，液滴在数秒钟内聚集下沉而不散开，说明已达到要求的浓度，即可停止加热。

5. 成品包装 浓缩液出锅后，用灌装机注入小型塑封杯中，自动封口，迅速冷却即可。也可将浓缩液按所需厚度倒入白瓷盘内，立即放入冷水中冷却，这样形成的凝胶比自然条件下形成的凝胶质量好、硬度大且透明度高。成形后按需切块，用塑料纸包裹即可。

(三)产品质量标准

1. 感官指标

(1)色泽 红色，冻体透明，有光泽。

(2)组织状态 软硬适宜，有弹性，切块完整、光滑，无杂质。

(3)滋味及气味 具有山楂、葡萄果实特有的复合芳香气味，无异味。

2. 理化指标 总糖60%以上；总酸0.8%～1.2%；重金属含量：每千克制品中铜不超过10毫克，铅不超过1毫克，砷不超过0.5毫克。

3. 卫生指标 无致病菌及因微生物作用引起的腐败现象，符合国家规定的食品卫生标准。

四、葡萄系列小食品生产技术

(一)糖腌葡萄

1. 原料配方 葡萄、清水各1千克，白糖150克，醋精15克，桂皮1克，丁香1.5克。

2. 制作方法 葡萄洗净后去掉熟烂及生小果，保持整串形，放入坛中。然后取锅上火，倒清水1升烧开，放入桂皮、丁香煮10分钟后，再放入白糖，然后加入醋精。离火冷却后，倒入坛中的葡萄上，放在阴凉干燥处，约5天后即可食用。

3. 产品特点 甜中微酸，有浓郁的葡萄香味，开胃利口，是解腻佐酒之佳品。

(二)奶油葡萄

1. 原料配方 葡萄干、白砂糖各1千克，奶油500克，朗姆酒450毫升。

2. 制作方法 先将葡萄干浸在水中，回软后捞起，沥干水分，置锅中，加入清水，以淹没葡萄为度。煮5～6分钟，端离炉火，使其充分膨胀。再将奶油放入锅内煮溶，加入白砂糖继续用小火煮5～6分钟，待糖溶化呈糊状后，快速投入葡萄拌匀，再拌入朗姆酒，然后熄火。

3. 产品特点 甜、软、有奶油香味。

(三)拔丝葡萄

1. 原料配方 葡萄250克，鸡蛋清3个，干淀粉、面粉、白糖各适量，花生油500克。

2. 制作方法 将葡萄洗净，放入开水中略烫后取出，剥去外皮，剔除葡萄籽，裹上面粉。再把鸡蛋清打入碗内，打成蛋白糊，再加入干淀粉拌匀。然后取锅上火，倒入花生油烧至五成热时，改用小火维持油温。将葡萄粒裹匀蛋白糊后，放入油锅慢炸，并用勺轻轻推动，至呈浅黄色时倒入漏勺沥油。最后取净锅上火，放入适量清水，加入白糖，炒至糖变色能拉出丝时，倒入炸好的葡萄，翻勺挂匀糖浆，起锅装入抹上一层芝麻油的盘内，配凉开水上桌即成。

3. 产品特点　丝长外脆内嫩，甜美芳香。具有补气血，强筋骨功效。

（四）葡萄搭仔

1. 原料配方　混酥面、蛋黄结淋各 150 克，葡萄 250 克，明胶水 75 克。

2. 制作方法　烤箱预热至 195℃。并准备一些直径为 8 厘米的圆形塔盆待用。将混酥面揉成团，放在台板上擀压成厚约 3 毫米的面皮，用与塔盆差不多大的圆圈形刻模，刻出一块块圆饼，逐只放在塔盆内，并用手指沿盆底边沿揿压一下，使成浅碟状，再装入烤盘，放进烤箱烘烤，至表面呈浅褐黄色时取出。稍冷却后，用汤匙将热的蛋黄结淋装入，再除去塔盆，放一边冷透。将葡萄洗净，一剖两半，细心地排列在蛋黄结淋上面，再刷上一层明胶水即成。

3. 产品特点　精美细致，口味酸甜，软糯甘香，刷上了一层透明莹亮的装饰外衣，使之更具风采。

（五）炸 葡 萄

1. 原料配方　大葡萄 250 克，鸡蛋清 3 个，淀粉 100 克，面粉 75 克，白糖 150 克，青红丝少许，植物油适量。

2. 制作方法　将葡萄用开水烫一下捞出，剥去皮，去籽，裹一层面粉待用。把蛋清放入碗内打成能竖立起竹筷子，放入淀粉，搅匀成糊。将油烧至六成热时，将葡萄逐个挂一层糊，放入油锅内，炸透捞出。最后，将锅内加入水和白糖，熬至稍变黄，放入炸好的葡萄，翻炒挂糖至裹匀。撒入青红丝，盛入盘内即可食用。

3. 产品特点　红、白相映，色泽美观，外皮酥脆，内心柔软，香甜味美，口味微酸。

(六)炸葡萄干(方法一)

1. 原料配方 葡萄干100克,面粉250克,牛奶300克,水200克,鸡蛋150克,香兰素0.3克,白糖50克,糖粉(上边挂糖霜)100克,植物油适量。

2. 制作方法

(1)制稀面糊 先将面粉过罗放入盆内,加入鸡蛋液、白糖、水、香兰素,搅拌均匀,成为没有疙瘩的面糊,再把牛奶逐渐倒入,将面糊澥稀。

(2)和葡萄干 把葡萄干清洗干净,放入稀面糊里,搅拌均匀。

(3)油炸 用一铁锅放入适量的植物油,上火烧热,烧至六七成热时,用两把平式铁铲,放入热油锅里,烧热,再从油锅中把铁铲拿出来,用勺将带有葡萄干的稀面糊,舀在热铁铲上,使铁铲上挂住一层稀面糊,每个铲上粘有七八个葡萄干,再将粘有面糊的铁铲放回热油锅,待面糊炸至从铁铲上脱落下来,成为金黄色时,从油锅里捞出来。

(4)上边挂糖霜 把炸好的葡萄干面片,码在点心盘里,每份3～4片,在上边用罗筛上一层糖粉,即为成品。

3. 产品特点 薄、脆、香、甜适口,味美。具有益气血,补虚损功效。适用于气血虚弱、虚损羸瘦、血虚心悸、失眠及贫血者食用。又为补益强壮保健食品,体质虚弱者常宜食用。

(七)炸葡萄干(方法二)

1. 原料配方 葡萄干50克,面粉50克,鸡蛋液20克,牛奶25克,蜂蜜15克,白糖10克,发酵粉少许。

2. 工艺流程

葡萄干→洗净→糖煮→控水→挂蛋黄牛奶面糊→挂蛋清→油炸→装盘→浇蜜→成品

3. 操作步骤

(1)糖煮　将葡萄干洗净，放糖，上火煮开，捞出控去水，备用。

(2)打蛋清沫　将鸡蛋清与鸡蛋黄分开。将蛋清用抽条打成泡沫。

(3)搅糊　蛋黄、牛奶和面粉搅成糊。

(4)挂糊　在糊中放入葡萄干，再与打好的蛋清拌匀，但要尽量保持蛋清沫。

(5)炸制　用小勺将物料分成5小份，分别放入油锅中炸熟装盘。炸时要注意火候，以防炸焦。食用时浇上蜂蜜即可。

第十章 葡萄罐藏品生产技术

一、糖水葡萄罐头

(一)工艺流程

原料验收→剪枝淋洗→消毒→摘粒→热烫→分选→配汤→装罐→加汁→排气密封→杀菌冷却→保温检验→成品

(二)生产技术要点

1. 剪枝淋洗 先剪成4～8小枝再淋洗。

2. 洗果、消毒 剪枝后的果实先淋洗2～3分钟，再用0.05%高锰酸钾溶液浸5分钟，于清水中漂洗2～3次至洗水无红色。高锰酸钾溶液每8小时更换3次以上。

3. 摘粒 防止摘破，剔除不合格果。

4. 热烫 果粒经50℃热水烫约1分钟，至果实稍呈柔软不破裂，不变色时，立即以流动水冷却，防止长时间浸泡。

5. 分选 紫红色或花紫色果与花绿色果分开装罐；剔除黑点、伤烂、病虫害、破裂果及青果；同罐中果粒大小，色泽大致均匀。

6. 排气及密封 抽真空密封：真空度60.3～66.7千帕。

7. 杀菌及冷却 杀菌式：10分钟-25分钟/90℃，初温60℃下锅，逐步升温至90℃，冷却。

8. 注意事项

第一，选用成熟度高、水分低的原料，宜采用不带红色的品种。

玫瑰香葡萄，在栽培时套袋，可使紫红色变淡。

第二，防止葡萄装罐后的破裂，除选用成熟度高的原料外，杀菌时间和温度关系很大，据试验表明，以温度80℃～85℃、时间25分钟以内，破裂较少。

第三，糖水葡萄罐头，因需采用低温杀菌，故必须严格做好工艺过程中的卫生和消毒工作。

（三）产品质量标准

1. 色泽　黄白色至清白色、红色或紫色，同一罐中色泽一致，糖水较透明，允许有不引起浑浊的少量果肉碎屑。

2. 滋味及气味　具有本品种应有的滋味及气味，酸甜适口，无异味。

3. 组织形态　果形完整，大小大致均匀，软硬适度。

4. 杂质　不允许存在。

另外，理化指标及卫生指标符合国家标准要求。

二、糖水去皮去籽葡萄罐头

（一）工艺流程

原料验收→剪枝淋洗→摘粒→漂烫→去皮→去籽→浸泡→分级挑选→水洗→配汤→装罐→加汁→封口→杀菌→冷却→保温检验→成品

（二）生产技术要点

1. 原料验收　采用巨峰葡萄品种。果实新鲜，呈青绿色，八九成熟，颗粒饱满完整，无霉烂、病虫害和机械伤，果重7克以上。采摘后的原料除当日使用外，可贮存在0℃～5℃的冷风库中。

2. 剪枝淋洗 先把原料大枝剪成3～5小枝，然后用清水淋洗2～3分钟，再用0.05%高锰酸钾溶液浸泡3分钟，于清水中漂洗2～3次直至水无红色。高锰酸钾溶液每2小时更换1次。

3. 摘粒 将消毒清洗后的小枝葡萄一粒粒旋转下来，注意不要损伤果粒，盛于装有0.1%抗坏血酸护色液的盆中，葡萄不能露出水面，以防蒂处氧化变色，并把烂果、病虫害果和过小、过熟的不合格颗粒挑出。

4. 漂烫、去皮 用95℃的热水漂烫葡萄粒3～5分钟，用流动水迅速冷却至室温，然后放到盛有抗坏血酸护色液的盆中，从果梗一端剥皮。去皮要彻底，但不能损伤果肉。

5. 去籽 以小镊子的尖端对准葡萄粒的蒂把口打孔，要求打孔要小，去籽要净，防止破坏果实的形状。取籽时不要直接往外拉，而是旋转一下，以防带出过多的果肉。

6. 浸泡 去皮、去籽后的葡萄要立即浸入0.1%的抗坏血酸液中护色。

7. 分级挑选 将去皮、去籽后的葡萄粒放在下部透光的玻璃板上进行仔细挑选，将带籽粒、变色粒、破损粒及其他不合格粒挑出，将合格粒按大、中、小分级。分级后及时放到盛有护色液的水盆中。

8. 水洗 为了冲掉果肉上的野生酵母，并将残皮等漂浮物清除，将去皮、去籽的葡萄粒放在大口洁净的容器内用流水清洗3～5次。

9. 配汤汁 水50千克，白砂糖50千克，异抗坏血酸100克，氯化钙或乳酸钙150克，配好后在夹层锅内烧开，用时过滤。

10. 装罐、注汤 将空罐用80℃以上热水漂烫，倒扣备用。罐型15173，净重3 000克，装罐量2 000克；罐型9121，净重850克，装罐量630克；罐型7116，净重425克，装罐量315克。浇汤温度要在80℃以上。

11. 封口、杀菌、冷却　真空封罐时,真空度要在0.065兆帕以上。封口后用滚动式杀菌锅杀菌。杀菌式:15173,8分钟-25分钟/88℃;9121,5分钟-18分钟/88℃;7116,5分钟-15分钟/88℃。杀菌后及时用水冷却至38℃。

(三)产品质量标准

同糖水葡萄罐头。

三、糖水葡萄什锦罐头

(一)工艺流程

挑选原料→处理→分选→装罐→注汁液→排气→密封→杀菌→冷却→保温检验→成品

(二)生产技术要点

1. 原料处理　葡萄:按糖水葡萄原料处理。苹果:按糖水苹果原料处理,并切成1.5厘米方块。橘片:按糖水橘子原料处理。樱桃:将染色樱桃或半成品用60℃～70℃热水漂洗3～5分钟冷却备用。菠萝、洋梨:按糖水菠萝及洋梨原料处理,将果肉切成约1.5厘米方块。

2. 分选　各种水果装罐果肉配比(单位:克):葡萄28,苹果100,洋梨28,菠萝50,橘片40,樱桃4粒,合计约260克。

装罐顺序为:樱桃、橘片、菠萝、苹果、洋梨、葡萄。

3. 装罐量(克)　罐号7110,净重425克;其中果肉260克,糖液165克。

4. 排气密封　抽真空密封,真空度60千帕以上。

5. 杀菌冷却　杀菌式:5分钟-15分钟/100℃,冷却。

6. 注意事项 白桃、龙眼、黄桃、杏子等水果可代替上述原料品种，但必须选用4种以上，外加染色樱桃，果肉色泽不少于红、黄、白3种。凡使用罐头水果者，其糖水应经过滤后搭配装罐，可提高产品风味。

(三)产品质量标准

符合罐头类食品要求。

四、葡萄罐头生产中的质量问题分析

(一)葡萄罐头的裂果

1. 葡萄品种对裂果的影响 葡萄品种不同，加工性能不一样。选用通常认为适合加工的新玫瑰、白玫瑰香、葡萄园皇后、京早晶、苏107、巨峰、保尔加尔、红富士、黑奥林等品种进行了试验，采用同样的加工处理，各品种的裂果指数差异较大。新玫瑰和葡萄园皇后两个品种，基本没有裂果情况出现；白玫瑰香、京早晶、苏107等品种，生产的产品有轻微的裂果；而保尔加尔、黑奥林、红富士、巨峰品种裂果较严重。因此，生产带皮糖水葡萄罐头，宜选用葡萄园皇后、新玫瑰品种，适当选用白玫瑰香、京早晶、苏107品种，裂果较严重的巨峰、保尔加尔、黑奥林及红富士等品种，不宜进行带皮糖水葡萄罐头的生产。另外，前者果实颜色多为绿黄色或黄绿色，适合带皮葡萄罐头的生产，而后者果实颜色多带有红或紫色，宜进行去皮后的罐藏加工。

2. 排气方式对裂果的影响 采用蒸汽热力排气法生产的葡萄罐头，裂果率较高，而抽空处理在很大程度上降低了葡萄罐头的裂果数量和程度。原因是由于葡萄中含有一定量的空气，在热处理时，果粒内的空气和内容物膨胀，产生内压，当这种压力超过果皮所能忍受的范围，就会引起裂果。而抽真空排气比热力排气更能彻底地排除果粒内部的空气，因此杀菌时果粒产生的内压较小，裂果数和裂果程度也较小。另外，抽真空排气时，由于糖液能迅速渗透到果粒中，弥补原来空气所占据的体积，而食糖又是一种脱水剂，这样就会使果粒处于部分脱水状态，降低了果粒的膨压，也就相应减少了裂果的发生。

3. 杀菌温度和时间对裂果的影响　以葡萄园皇后为试材，采用不同的巴氏杀菌处理（100℃，15 分钟；100℃，25 分钟；85℃，25 分钟；85℃，35 分钟）。实验结果表明，85℃下处理 25 分钟，裂果指数最小。因此，建议生产上采用 85℃下 25 分钟的灭菌处理为好。

4. 其他因素对裂果的影响　果粒破裂除与品种特性、排气方式、杀菌条件等因素有关外，果实的成熟度也是影响因素之一。同一品种果实，成熟度高、果肉组织致密、含糖量高，加工后果粒破裂则较少；反之，成熟度低则裂果较多。葡萄热烫、热力排气或杀菌时，升降温速度过快，也会加速葡萄果实的破裂。有的厂家，葡萄摘粒后长时间浸泡护色，果粒在水中浸泡时间过长，使其含水量增大而容易产生破裂。

另外，在摘粒操作时，未能轻轻扭转摘下，使摘下的葡萄果粒有裂口，经加工后也会造成不同程度的果粒破裂。

（二）葡萄罐头汁液浑浊沉淀问题分析

1. 产生汁液浑浊沉淀的原因　葡萄中的有机酸，主要以酒石酸的形式存在于果实中，果粒的破裂，尤其是在果粒严重破裂时，葡萄中的酒石酸易与金属离子化合，产生酒石酸盐沉淀或结晶，即我们看到的白色沉淀物。葡萄成熟度低时，酒石酸含量高，容易产生沉淀，而成熟度高的果实，酸含量较低，不易产生沉淀。加工用水的硬度，直接关系到沉淀物的多少，硬度大的水，Ca^{2+} 含量高，易产生酒石酸盐沉淀。另外,酒石酸盐的溶解度与温度密切相关,产品贮存温度低时,酒石酸盐易析出,温度高时酒石酸盐溶解度增大,沉淀物又会溶解。

2. 防止汁液浑浊沉淀的方法 一是选用低酸、高糖、肉厚、不易破裂的品种,原料含酸量尽量控制在0.5%以下;二是要求果实成熟度达八成以上;三是糖液配制时应选用硬度较小的水或软水;四是加工各工序中尽量减少或避免果粒破裂;五是控制成品的保存温度,防止在低温下贮存 ;六是在配制糖液时,加入适量的偏酒石酸,这样也可避免沉淀的产生。

(三)葡萄罐头果粒皱缩问题分析

以同样的工艺处理,果肉组织致密坚实的品种不易皱缩,如新玫瑰、葡萄园皇后皱缩极少,而保尔加尔皱缩严重。对同一品种,制罐后糖液渗透进果粒,当渗透作用达到平衡时,含水量大、糖分少的果实产生皱缩较严重;反之,果粒皱缩少。因此,选用果肉组织致密坚实的优良品种,同时要求其含糖量高,是减少皱缩、保证产品质量的根本所在。

第十一章　葡萄干制品生产技术

一、民间自然干制技术

(一)室内阴干法

1. 工艺流程

原料→浸泡→室内阴干→扫落粒→脱粒→收集→风选去杂→分级→包装→装箱→入库

2. 制作方法

(1)原料　葡萄应选择皮薄、果肉丰满柔软、含糖量高(20%以上)的品种,如无核白、无核黑、无籽露品种。干制的葡萄要在充分成熟、含糖最高时采收。采后剪去屑果和病烂果粒。

(2)浸泡　为了加速干燥,可用1.5%～4%氢氧化钠溶液处理1～5秒钟,薄皮品种可用0.5%碳酸钠溶液处理3～6秒钟。浸碱后立即用清水漂洗干净。干制白葡萄干还需用硫黄熏蒸3～5小时,硫黄用量为0.3%。

(3)室内阴干　将经过处理后的葡萄在室内挂晾,由下而上成尖塔形。要注意清扫落粒。在室温26℃～28℃、空气相对湿度35%、风速1.5～2.5米/秒的条件下,需要经过30天的阴干。

(4)脱粒　阴干30天后摇动挂晾的穗使果粒脱落。收集落粒。

(5)风选去杂　经揉搓用风吹去杂质。

(6)分级　以色泽、饱满度为分级标准进行分级。

(7)包装 用塑料袋包装,每袋 250 克或 500 克。每纸箱装 20 千克,用胶带封装。标明产品名称、产地等。

3. 产品特点

(1)白葡萄干 无核,粒大皮薄,晶莹透亮,肉质细腻,味甜鲜醇,品质特优。

(2)红葡萄干 色紫红,半透明,肉质稍硬,无核的味甜,有核的略带酸涩。

(二)暴晒干燥法

1. 工艺流程

原料选择→剪串→浸碱处理→暴晒→回软→包装→成品

2. 制作方法

(1)原料选择 制干的葡萄应选择皮薄、果肉丰满柔软、外表美观、含糖量高的品种,一般以无核白、无籽露和有籽的玫瑰香、牛奶等为原料。果实要充分成熟,又不可太熟。

(2)剪串 采收以后,剪去太小和损坏的果粒,果串太大的要剪成几小串,在晒盘上铺放一层。

(3)浸碱处理 为加速干燥,缩短水分蒸发时间,可采用碱液处理。在浓度为 1.5%～4%氢氧化钠溶液中浸渍 1～5 秒钟,薄皮种也可用浓度为 0.5%碳酸钠或碳酸钠与氢氧化钠的混合液处理 3～6 秒钟。原料浸碱处理后立即放到清水里冲洗干净。经过浸碱处理的果实干制时间可缩短 8～10 天。干制白葡萄干时,还需要熏硫 3～5 小时。

(4)暴晒 将葡萄装入晒盘,在阳光下暴晒 10 天左右,当表面有一部分干燥时,可全部翻动 1 遍,湿一点的放在表层继续晒,至 2/3 的果实呈干燥状,用手捻果粒无葡萄汁液渗出时,即可将晒盘叠起来,阴干 1 周。在晴朗的天气下,全部干燥时间为 20～25 天。

(5)回软 将果串堆放 15～20 天,使之干燥均匀,同时除去果梗,即成制品。

(6)包装　葡萄干包装有布袋包装和木箱装 2 种,布袋分 50 千克或 25 千克装 2 种,木箱一般装 25 千克。

3. 质量标准　以粒大、壮实、味柔糯者为上品。干燥度掌握成把捏紧后放开,颗粒迅速散开的即为干燥。白葡萄干的外表要求略带糖霜,去掉糖霜后色泽晶绿透明。红葡萄干外表也要求略带糖霜,舐去糖霜呈紫红色半透明。口味甜蜜鲜醇,不酸不涩。

(三)自然风干法

1. 制作方法

(1)原料选择　适时采收,剔去病虫害、破损、过生或过熟果穗。将合格果穗于阴凉处放置半天,使果穗、穗轴失水萎蔫,以利于挂架。

(2)挂架　将选出果穗运至特制的晾房里,由里而外、由下而上逐架逐层悬挂果穗,并及时清除落下的果粒。一般每个挂架可挂鲜葡萄 80～150 千克。

(3)管理　挂好葡萄的晾房要有专人管理,防止鸟、禽、畜为害。刮大风时要挂好外墙盖帘防止风沙侵袭,或防止挂架摇动致使果粒脱落。

(4)收起风选　当葡萄干无软粒,果粒的皱褶凸起处变成白色时,就应及时收起,运到晒场风选,除去果梗、枯叶等杂物,并拣出烂粒、褐色粒,即为成品葡萄干。

2. 产品特点　半透明状,表面略带糖霜,甜蜜鲜醇。

(四)缓慢阴干法

1. 制作方法

(1)选料　选用无核白葡萄为原料。

(2)阴干　在专门建造的“阴房”(常用泥掺草砌成厚 60～70

厘米带有12厘米×70厘米棋盘形通风孔的墙)内,从房顶天花板至地面拉上许多绳子,绳子之间固定一根根横杆,在上面挂葡萄串,利用自然干热风晾干。在阿富汗等比较干热的地区,一般需要6～8周才能成干,有些国家和地区甚至长达3个月。

2. 产品特点 用此法制成的葡萄干,能保持葡萄原来的颜色(绿色),如阿富汗坎大哈用此法生产的金黄中带绿色(或称宝石绿色)的葡萄干,在国际市场上相当驰名。

(五)快速冷浸法

1. 工艺流程

原料选择→配醇溶助碱液→浸果→干制→分级→包装→成品

2. 制作方法

(1)原料选择　以无核白葡萄为原料。

(2)浸　果

①醇溶助碱液配方:氢氧化钾6克、95%乙醇60毫升、油酸乙酯37毫升、3%碳酸钾溶液10千克。

②醇溶助碱液的配制:将6克氢氧化钾溶于60毫升95%乙醇中,再将其加到37毫升油酸乙酯中,摇匀。然后对入3%碳酸钾溶液10千克,边倒边搅拌。

③醇溶助碱液的使用:将醇溶助碱液配好后,把葡萄整穗浸入药液中约1分钟,及时捞出,并用清水冲洗残留药液至净,即可进行干制。约4天后脱水达64%;5天后脱水达76%(比未经处理的葡萄快2倍),至第七天可基本干燥。醇溶助碱液可重复使用30～50次。

(3)干制　干制分阴干、晒干及烘干3种,由于干制方法的不同,其产品的色、香、味、形及营养也有不同。

①阴干:放在避光条件下,自然干燥。

②晒干:放在阳光下干燥,操作简便,制干时间短。

③烘干：利用35℃～40℃的温度低温脱水干燥40个小时，可把葡萄粒内70%的水分脱除，保持了葡萄干的全绿色泽，尤其此方法由机械操作，产品完全符合食品卫生要求。

(4)保藏　为了灭菌，用6.45×10^{-3}Gy/千克的钴60 γ射线对产品进行辐照处理20分钟，产品可跨年度销售，质量上乘。用此方法提高了葡萄干的经济价值，更由于产品不与辐射源接触不会产生次生放射性物质和有毒物质，且葡萄干内的单宁含量减少，从而使产品品质得到了改善。

3. 产品特点

(1)阴干品　色泽为漂亮的绿色，风味好，粒更饱满、洁净，含糖较多，品质得到了提高。

(2)晒干品　阳面为金红色，而阴面为浅绿色，色泽鲜亮，悦目。

二、人工干制技术

(一)简易人工干制

1. 原料配方　葡萄100千克，1%～3%氢氧化钠溶液适量，硫黄150～200克。

2. 制作方法

(1)原料选择　选择果粒适度成熟、皮薄、肉满、果粒完整、含糖量高的品种作原料。

(2)剪串　将果穗剪成几个小串，铺放在晒盘上。

(3)浸碱　将选好的果穗浸于1%～3%氢氧化钠溶液中10～30秒，薄皮品种也可在0.5%碳酸钠或碳酸钠与氢氧化钠混合液中浸3～6秒钟，使果皮外层蜡质破坏并呈皱皮，以加速果实水分蒸发，均匀一致。

(4)冲洗　浸碱后的果穗，立即用清水冲洗直至洗液无碱性反应，再沥干水分。

(5)熏硫　将沥干的葡萄置于密闭的熏蒸室内熏硫。每吨葡萄用1.5～2千克硫黄，用少量木屑拌匀后点燃产生浓烟。紧闭门窗，熏蒸3～4小时后，打开门窗排出剩余的SO_2气体。经过熏硫的果粒，可以使果粒中的多酚氧化酶和其他氧化酶钝化，防止成品褐变，也使果粒中的维生素不易损失。

(6)烘干　熏硫后连盘一起移入烘房，加温烘干。初温时保持45℃～50℃，持续1～2小时再将温度上升至60℃～70℃，终温70℃～75℃，终点空气相对湿度25%左右，经15～20小时即可烘干。

(二)金黄色葡萄干的生产

1. 原料配方　鲜葡萄100千克，硫黄18～36克，碱液适量。

2. 工艺流程

鲜葡萄→碱浴→冲淋→上盘→熏硫→烘干→后加工整理包装→成品

3. 制作方法

(1)鲜葡萄　剔除霉烂果粒，病粒，干瘪粒以及枝叶等其他异物杂质。

(2)碱浴　用热碱液浸泡，即将葡萄浸入浓度为0.25%、温度为80℃～82℃氢氧化钠或氢氧化钾热溶液中，浸泡时间为5～7秒钟。

(3)冲淋　经碱液浸泡后的鲜葡萄，立即用干净的冷水冲淋，一方面洗去果粒表面残留碱液，另一方面使果品温度迅速冷却至室温，冲洗后沥干水分。

(4)上盘　将沥干水分的葡萄摊放在烘干盘中，只可单层铺放，不可堆码摆放。

(5)熏硫　将装有鲜葡萄的烘盘，推入熏硫房中进行熏硫。每吨鲜葡萄的 SO_2 用量为 180～360 千克，熏硫时间为 4 小时，应熏透。

(6)烘干　熏过硫的葡萄即可推入烘干隧道或烘房干制，隧道中温度应控制在 55℃～60℃，空气相对湿度控制在 20%～25%，烘道中风速可控制在 3.5 米/秒左右，同时可使用抽风机排湿。这样干烘 24～30 小时，葡萄中水分含量可降至 15%～17%，葡萄干即已烘制成功。

(7)后加工整理包装　利用振动筛，去果柄机和鼓风机清除果梗、残枝碎叶和空瘪果粒，再用人工除去机械所不能消除的杂质或坏果粒，然后将葡萄干送入网鼓式清洗机中，经过强力喷水清洗后流入脱水筛，靠离心力甩干果粒表面的水分，最后用 0.2%～0.3%液状石蜡或精炼油给葡萄干喷雾上衣，并加甲酸乙酯，以防葡葡生虫，最后经人工质量检查，便可送入自动包装机，自动称重，按不同需要包装成不同规格的产品。

4. 产品特点　色泽金黄，外观呈半透明状，肉质金黄透亮，十分诱人。口味酸甜可口，营养丰富。

三、新疆绿葡萄干生产技术

新疆无核白绿葡萄干又名新疆绿葡萄干，由号称水果世界“绿珍珠”的新疆无核白葡萄干制而成。是新疆的主要传统特产之一。

新疆维吾尔自治区是我国惟一的绿葡萄干产地。新疆栽培无核白葡萄已有 1 000 多年的历史。新疆吐鲁番盆地产绿葡萄干，远销国内外。由于新疆吐鲁番盆地具有特别适合葡萄生长和制干的气候条件，加上新疆维吾尔族果农富有栽培无核白葡萄的经验和制作葡萄干的传统技能，使新疆绿葡萄干外形美观，品质优良，形成色、香、味、形“四绝”，驰名中外。

(一)果实采收

制干的无核白葡萄必须充分成熟,其标志是穗梗发白,用手指轻挤果粒,果汁即徐徐流出,并有较强的黏着力,品尝时各浆果甜味一致。一般在8月中旬至9月中旬采收。

(二)原料整理

剔除果穗中的枯叶干枝,剪除霉烂或变色枯萎的不合格果粒。晾挂葡萄果穗用的嵌有硬细木的木椽子,一端用麻绳或铁丝垂直系于晾房屋顶,晾房四壁均留有足够的通气孔。晾晒果穗俗称“挂刺”。挂一排,系一排,从最下端开始逐层上挂,重重叠叠,犹如宝塔,直挂到屋顶。挂刺后3～4天,及时清扫脱落的果穗和果粒。以后每隔2～3天清扫1次,直至不脱落为止。脱落的果穗和果粒置于阳光下暴晒,制成次等葡萄干。

制干晾房位于戈壁或荒坡,四周空旷,无植物、高温、干燥,热风阵阵,晾房内平均温度约27℃,平均空气相对湿度约35%,平均风速1.5～2.6米/秒。经约30天阴干,即可完全下刺,一般每4千克鲜葡萄可制成1千克葡萄干。

(三)成品处理

摇动挂刺,使葡萄干脱落。稍加揉搓,借风车、筛子或自然风力去掉果柄、干叶和瘪粒等杂质。然后按色泽、饱满度及酸甜度等标准进行人工分级,包装、贮藏、出售。

(四)产品特点

碧绿晶莹,颗粒均匀。皮薄无核,果粒饱满,肉质细软,酸甜适口,滋味鲜美,香气馥郁,风味独特,营养丰富。

四、酸奶葡萄干生产技术

在葡萄干表面进行包衣及抛光处理，避免了传统葡萄干表面沾污泥土、微生物等的缺点，葡萄干的风味独特。

(一)主要原辅料

主料为无核白葡萄干。配料为：酸奶粉15%～20%、白砂糖20%～25%、可可脂20%～25%、填充物35%～40%、奶油香精0.05%、50%的糖液5%～10%、抛光剂0.5%(虫胶，经脱色处理，也可用糊精等代替)、乳化剂0.2%～0.5%。

(二)主要设备

糖衣锅(带可调冷热风机)、组织粉碎机、80目铜丝筛、喷洒器、封口机。

(三)工艺流程

葡萄干处理→包衣→冷却→被膜抛光→包装→成品

(四)生产技术要点

1. 葡萄干处理　葡萄干去梗，剔除次品及杂物，用20%乙醇清洗5分钟，沥干，再用冷风吹干。此法清洗、杀菌同步进行，葡萄干复水量少，效果较好。

2. 包衣准备　用组织粉碎机将砂糖粉碎、过筛，按配方比例将糖粉、酸奶粉、填充物等均匀混合，拌成料粉。将砂糖与水按1∶1加热溶化、过滤制成糖液备用。水浴溶化可可脂，加入香精及乳化剂，密闭保温40℃～50℃，不致香味挥发及可可脂凝固。

3. 包裹外衣　按设备的允许量将处理好的葡萄干放入糖衣

锅,调整角度约 45°,开动糖衣锅,调整转速约为 40 转/分,使葡萄干在糖衣锅内均匀有力地翻转为宜。用喷洒器将可可脂等辅料液适量喷洒于葡萄干表面。待第一次凝固后,再按此法包裹 1 次。按此法连续包裹 6～8 层料粉,使葡萄干表面完全被料粉包裹,并形成一定料层。

包裹时注意:可可脂和糖液等辅料应交替加入,投入可可脂等辅料液时,应鼓入 35℃～40℃热风,防止可可脂过早凝固,影响料粉黏结。投入料粉时,应不让料粉飞扬。包衣完成应鼓入 4℃左右冷风,使可可脂凝固,并持续 10～20 分钟。包衣过程要不断调整角度和转速,使葡萄干能上下、左右、前后翻滚均匀,以利于成型。

4. 冷却 将完成包衣的物料取出,置于阴凉透风处,保存 12～24 小时。如不经此步骤,成品表面将出现明显的返砂现象,且在抛光过程中,料层易破裂。

5. 配制抛光剂 选用 1 份食用虫胶溶于 10 份 95%食用乙醇中,制成虫胶—乙醇溶液。此抛光剂相对于其他物质具有黏度低、分散快、抛光效果好和口感好的特点。

6. 抛光 物料重新入锅,启动糖衣锅,多次均匀喷洒抛光剂,滚匀后鼓入冷风吹干,继续滚动 10～20 分钟,使形成光亮表面。

(五)产品质量指标

1. 感官指标 色泽奶白晶亮;呈椭圆形或球形;具有酸奶和葡萄干应有的口味,口感外酥里嫩,细腻柔软,酸甜适口。

2. 理化指标 含糖量≥60%,含水量≤10%,含蛋白质量≥5%,含脂量≥10%。

3. 微生物指标 细菌总数≤700 个/克,大肠菌群＜30 个/100 克,不得检出致病菌。

第十二章　家庭自酿葡萄酒生产技术

一、基本用具

(一)主发酵桶

前期发酵时使用，一般为敞口塑料桶，容积 25 升，带密封盖。值得强调的是，此桶如为塑料制品，必须是用适合装盛食品的，颜色为纯白色或者透明。在制造时为了使塑料桶好看，通常添加各种颜料。但有研究证明，酒精和酸相混后能将颜料中的重金属释放出来，进入果酒会有害健康。即便是食品类的塑料桶，新桶刚启用时也有可能散发怪味，去除的办法是在新桶内加满温水，再放入 1 汤匙食用苏打，浸泡 1 天。如果用纯水果酿酒，敞口桶可以使前期发酵完成后清理渣滓的工作简便易行。

实际上，如果用水果汁或者果酒原料组合酿酒，前期发酵用 25 升的小口玻璃桶更好，不但无怪味，而且更干净卫生。如果环境条件较好，可以用敞口塑料桶进行前期发酵；反之，如果环境空气质量不是很好，那么最好使用易封闭的小口玻璃桶，且同时使用单向空气密封阀。当然，若用水果酿酒，前期发酵最好用敞口塑料桶。

(二)副发酵桶

后发酵时使用，为小口玻璃桶，容积为 23 升。剧烈的发酵活动已经在前期发酵时完成，进入后发酵时酵母活动变缓。因酵母将糖和水转变为酒精是在缺氧的条件下进行的，所以此阶段桶口必须用单向空气阀密封，以加快转变。后期发酵时液体表面离桶口（即空气阀底部）的距离不能留太大，5 厘米左右为宜，防止太多的空气使酒遭受污染，在必要时添加纯净水或者凉开水。

一般而言，纯水果酿造的酒所需陈酿期较长，需要 6～9 个月，一般在桶内进行。用果酒原料组合酿造的酒，所需陈酿期较短，大约 5 个月，一般在装瓶后进行。另外，自酿高档酒时，后发酵和陈酿可以在橡木桶内进行，但成本比较高。

（三）橡木桶

鼓形，要求小口大肚，容量在 150～500 升不等。这是传统酿酒容器，最适宜于贮存红葡萄酒。该容器造价较高，大批量使用会增加成本，但由于橡木桶贮存的红葡萄酒具有特殊的风味，目前一些高档酒普遍使用。

（四）毛　刷

用于各种器具的清洁。至少有长、短柄毛刷各 1 把。长柄的可以用来洗刷小口发酵桶，短柄的可以用来洗刷酒瓶。最好挑选毛质比较坚硬的毛刷，洗刷时容易将桶壁的污垢清除。

（五）相对密度计

由一头安装重物的空心玻璃管和一截标有尺度的实心玻璃柱组成，测试时使其浮于液体中读数。用于测定发酵前后糖分浓度，即果汁的相对密度，进而算出酒精含量。同样，欲达到预定的酒精含量，利用发酵前测定的相对密度即可算出发酵结束时应有的相对密度。

(六)单向空气密封阀

有弯管型和双层套帽型两种。发酵时用于单向密封发酵桶,中间充水,安置于橡皮塞中间使用。其作用是允许发酵时产生的CO_2排出,同时阻止外面的空气进入。安置时注意保持桶口和橡皮塞干燥,否则橡皮塞容易滑出。

(七)虹 吸 管

长度1.5米左右,一头和硬塑料管连接。在发酵过程中用来倒桶。在前期发酵结束后,用虹吸的原理将酒液倒置于后期发酵桶内。启动虹吸可以用大洗耳球吸取,也可以先将纯净水灌满虹吸管,降低后由于自流启动虹吸,待酒液流出时再将虹吸管移入发酵桶内。

(八)虹 吸 帽

安置于硬塑料管底部,虹吸时一次性深入到发酵桶底,其结构可以防止虹吸时沉淀泛起。

(九)手提式压塞器

是最简便的一种压塞器。和落地式压塞器相比,体积小,便于携带,且价格也相对便宜。压塞是酿酒过程中的最后一道工序,应注意保持卫生。使用前应将软木塞接触的地方清洗干净并予以消毒。

(十)自动开关灌酒阀

灌酒时,安装在虹吸软塑料管另一头,其上装有小阀门。灌酒时置于酒瓶内,当酒将满时提起,靠重力和管内的液压将阀门关闭。这个小器械在灌酒时使用特别方便。

(十一)射流冲瓶阀

安置于水龙头上使用。清洗酒瓶时能产生较大的冲水压力，易于清除瓶底和瓶壁上附着的污垢。

二、酿酒原料的选择与处理

(一)酿造红葡萄酒的品种

1. 赤霞珠 欧亚种，原产法国，别名解百纳。果穗小或中等大，一般穗重150～170克，有时有副穗，较松。果粒中等大，圆形，平均单粒重1.5～2.2克。果皮中等厚，紫黑色。果肉软而多汁，出汁率70%～80%。含糖量16%～20%，含酸量0.6%～0.8%。每粒果有1～2粒种子。果实9月中下旬成熟，为中、晚熟品种。树势中庸，丰产性中等，抗霜霉病、白腐病和炭疽病的能力较强。该品种是全世界普遍栽培的优良酿酒葡萄品种，所酿制的葡萄酒呈宝石红色，清香幽郁，具独特风味，酒质极佳。该品种是目前我国栽培的主要酿酒葡萄品种之一。

2. 梅鹿辄 欧亚种，原产法国，别名梅尔诺。果穗中等大，平均重110～225克，圆柱形或圆锥形，有副穗，较松。果粒中等大，圆形，平均单粒重1.4～3.3克。果皮厚度中等，蓝黑色。果肉软而多汁，含糖量17.4%～18.8%，含酸量0.64%～0.8%。果实9月中旬成熟，为中、晚熟品种。树势中庸，丰产，抗病力中等。该品种是酿制干红葡萄酒的优质原料，可与赤霞珠的汁液勾兑，调配使用。

3. 西拉 欧亚种，别名色拉。原产伊朗的设拉子(Shiraz)，后传到法国，我国在20世纪80年代引进，现河北、山东、新疆、宁夏等地均有栽培。

果穗中等大，平均穗重 242.8 克，圆锥形或圆柱形，带歧肩，有副穗。果粒小，着生紧密，平均单粒重 1.9 克，圆形，紫黑色。色素丰富，具有独特香气。含糖量 19%，含酸量 0.73%，出汁率 73%。

生长势较强，结果枝率 60%，每个果枝上平均果穗数 1.4 个，丰产。抗病性中等。8 月下旬果实成熟，从萌芽至成熟需 135 天左右，属中熟品种。

西拉是良好的酿酒葡萄品种，果实完全成熟所需有效积温不高，适合在我国北方和西北有效积温不高的地区栽植。该品种花芽容易形成，丰产性强，为保证酿酒质量，生产上要注意控制产量。西拉脱病毒苗，不但果实含糖量高，而且有明显的早熟倾向，新发展区应尽量采用脱毒苗木。西拉对白腐病抗性较差，栽培上应注意及早防治。

4. 蛇龙珠 原产法国，1892 年引进，当时烟台、胶东葡萄产区种植量较大，目前已成为河北昌黎产区的主栽品种之一。生长期 150 天，9 月中旬成熟。含糖量 17.8%～19.5%，含酸量 0.6%～0.8%，出汁率 75%。

5. 品丽珠 原产法国，1892 年引入。现在山东青岛、河北昌黎、甘肃武威及新疆的部分地区发展较多。该品种生长期 158～160 天，9 月下旬成熟。果实出汁率 67%以上，含糖量 16%～19%，含酸量 0.6%～0.8%。

6. 法国兰 原产于奥地利，1915 年引入我国烟台。生长期 130～137 天，9 月上中旬成熟。含糖 17%～18%，含酸 0.6%，出汁率 68%～70%。

7. 烟 73 烟台张裕酿酒公司培育，紫北塞×玫瑰香。优良酿酒调色品种，其品质远远超过紫北塞。果实生长期 130～135 天，9 月初成熟。含糖量 16.5%，含酸量 0.7%，出汁率 68%，果汁深紫红色，一般用于高档酒的调色勾兑。

8. 佳丽酿 是西欧各国的主要酿酒品种，我国山东、河北、河南等产区有较大面积栽培。生长期150天,9月中旬成熟。含糖量15.5%～18.5%,含酸量0.7%～0.9%,出汁率75%～80%。该品种为世界古老的酿造红葡萄酒的品种之一,酒呈宝石红色,香气纯正。可去皮酿制白葡萄酒。

(二)酿造白葡萄酒的品种

1. 意斯林 欧亚种,原产意大利,别名贵人香。果穗小或中等大,平均重150～230克,圆柱形,有副穗,紧或极紧,穗梗短。果粒中等大,近圆形,平均单粒重1.3～2.2克。果皮薄,黄绿色,阳面黄褐色,果面有黑色斑点。果肉软而多汁,出汁率70%～80%。含糖量16%～23%,含酸量0.5%～0.9%。每粒果有种子3～4粒。果实9月中旬成熟,为中晚熟品种。树势中庸,丰产性中等或较高,抗病力中等。该品种酿造的白葡萄酒呈黄色,清香爽口,丰满完整,回味绵长,酒质优。也是酿制起泡葡萄酒和白兰地的优质原料。

2. 雷司令 欧亚种,原产德国,别名白雷司令、威赛雷司令、约翰雷司令、莱因雷司令等。果穗小,平均重96～122克,圆柱形,有时有副穗,紧或极紧。果粒中等大,近圆形,单粒平均重1.3～1.5克。果皮薄,黄绿色,阳面浅褐色,果面有黑色斑点。出汁率75%。含糖量18%～19%,含酸量0.7%～0.9%。每粒果有种子2～4粒。果实9月中旬成熟,为中晚熟品种。树势中庸,丰产性中等,抗病力中等。该品种酿造的白葡萄酒浅黄绿色,澄清发亮,果香浓郁,酒质优,是酿制干白葡萄酒的优质原料。

3. 霞多丽 欧亚种,原产法国,别名比诺霞多丽。果穗小,平均重110～125克,圆锥形,有副穗,紧或极紧。果粒中小,近圆形,平均单粒重1.3～2克。果皮薄度中等,黄绿色。含糖量17%～20%,含酸量0.57%～0.88%。果实8月中下旬成熟,为中、早熟品种。

4. 龙眼　我国的古老品种。广泛分布于华北、西北及东北南部地区，河北省的沙城、涿鹿等地占比例很大。晚熟品种，生长日期165～175天，9月下旬成熟，果穗大。含糖量15%～17%，含酸量7～10克/升，出汁率高(生产72%、实验室79.4%)。该品种最适于酿造干白葡萄酒和香槟酒。

5. 玫瑰香　原产英国，20世纪30年代引进。主要分布于河北、山东、辽宁、山西、陕西等地。属中、晚熟品种，生长期135～155天，8月下旬至9月上旬成熟。含糖量17%～20%，含酸量5～7克/升，出汁率68%～73%。酿造红葡萄酒时，出汁率高达73%。成品酒呈棕褐色，有较浓的麝香香气，但该酒不宜久贮，2年较好。酿造白葡萄酒时，出汁率68%～70%。酒色淡黄，有柔和的麝香香气，滋味清淡、爽口。

三、酿酒辅料简介

(一)酵　母

现代酿酒已经不再依赖于自然界中的野生酵母，而是使用实验室培育的酵母，菌种主要选自法国、德国等优质葡萄原产地。理想的酵母应该具有较大的温度承受范围，有较强的酒精承受力，不产生怪味，同时在发酵结束时能很快在容器底部沉淀而使酒变得清澈。

市场上有多种多样的酿酒酵母，对于家庭酿酒来说，使用普通酿酒酵母就可以了。应该提醒的是，再好的酿酒酵母也无法使劣质葡萄酿成好酒。

酿酒酵母最常见的包装是脱水密封充氮包装，其使用非常简单，只要将包装打开，将酵母轻轻抖撒在液面上即可。另一种更安全的做法是取半杯温水，先将酵母溶入水中，浸泡15分钟后加入欲发酵液体中。对于家庭酿酒来说，发酵桶容积一般为20～30升，这两种添加酵母的方法并没多大区别，发酵一般在24小时之内就开始。酵母用量不是很重要，因为酵母恢复活性后便立即进行高速自我裂变繁殖，在很短的时间内就会达到一定的数量。所以，如果说酿5升酒时使用了5克酵母，酿20升酒时并不一定得加20克的酵母，一般仍用5克即可，最多用10克也就够了。

酵母能够生存温度为－2℃～43℃，但最理想的温度为15℃～27℃。这里我们必须明确“生长”和“发酵”的区别。将酵母加入葡萄汁后的最初24小时是所谓的生长期，酵母在这期间不断进行裂变繁殖和生长。当单位体积溶液内的酵母个数达到一定数量时才进入发酵期，即将糖转变为酒精和CO_2的过程。生长期要求温度稍高一些，一般在21℃左右；进入发酵期后，温度可以稍低一些。基本规律是，温度高，则发酵快，发酵期短；反之则发酵慢，发酵期长。但是温度的高低必须有个限度，当温度超过33℃时，酵母即便不马上死亡，其繁殖生长活动也会停止。

一般葡萄酒中的酒精含量在10%～14%。然而大多数酿酒酵母在死亡之前还能产生更多的酒精。如果将温度控制的较低(15℃～21℃)，并且用所谓的“小量糖糊添加法”，那么酒精的浓度可以逐渐达到18%，甚至20%左右。尽管最适宜于酵母生长繁殖的环境是含糖22%的水溶液，但当一次性加糖太多时，酵母的繁殖生长反而会因糖浓度太高而停止。有人曾在比较好的实验室条件下用这种方法酿出过酒精度达23%的红葡萄酒。

发酵结束后，必须及时将酵母从酒液中剔除(好的酵母应该在发酵结束后很快在桶底致密沉淀，此时往外虹吸的酒液基本上是清澈的)。因为在继续发酵过程中，可能会产生少量的丁二酸(琥珀酸)、醋酸、二氧化硫、硫化氢等物质。这些副产品中有两种会破坏酒的质量，一是硫化氢，会发出臭鸡蛋一样的气味；二是醋酸，使酒有醋一样的酸味。

(二)糖

一般而言,成熟后适时采摘的葡萄中已含有足够的糖分,不需加糖就可以直接酿酒。如果由于当年气候等原因造成糖分不足时,则应该适量加糖。用其他水果酿酒时也视具体情况而定,一般需要酌量加糖。酿酒中糖的用量是一个很值得注意的问题,太多、太少都不利于酵母的生长繁殖。糖太多比太少更棘手,因为糖太多时酵母在发酵过程中不能将大部分糖消耗掉。剩余的糖会使酒过甜而几乎没有口感。所以,一般原则是不管酿什么样的果酒,开始时都按干型酒(干红,干白)的标准用糖,然后用增加水果量或者少量糖的办法达到预想的甜度。

另外一个可能需要加糖的时间是倒桶,剔除沉淀物后。当一定的沉淀物被剔除后,发酵桶中的总酒量会有所减少。为防止大量的空气与液面接触而增加酒污染的机会,通常是添加一定量的凉开水使酒液恢复到原来的体积。此时也可以先将一定量的糖溶入水中,煮沸溶化待降至室温后再加入发酵桶。

至于添加糖的方法,也很有讲究。如果将白砂糖直接撒入酒中,发酵很可能由于糖不能完全溶化而搁浅或者暂时停止。合理的做法是先用吸取器取出一杯酒液,将少量的糖加入这杯酒中,待完全溶化后再倒回发酵桶中。注意这里不能用加热的方法去加速糖的溶化,因为加热会杀死其中的酵母菌。

(三)单　宁

单宁又称鞣酸,是一种从葡萄籽、皮和枝秆中提取的酚醛化合物,在果酒酿造中非常重要。在很大程度上可以影响葡萄酒的味道,特别对红葡萄酒更是如此。喝过葡萄酒后嘴里感到的“滞后味”就是单宁的味道。其实常喝茶的人对单宁的味道应该是熟悉的,因为绿茶里富含单宁,其中的涩味便是单宁所为。葡萄酒如果没有单宁就会显得平淡无味，单宁过量则涩口苦酸。一般用红色水果酿的酒就已经含有足够的单宁，不需要另外添加，比如红葡萄酒、苹果酒、李子酒和梨酒等。

单宁也是很好的天然沉淀剂，酒中悬浮的蛋白质遇到单宁后就会与其结合形成较重的固体，沉淀在容器底部。所以，在净化沉淀后，如果酒仍呈浑浊状，用少许单宁就能解决问题。这里需要提醒的是，要使用食用（果酒型）单宁。有人也用添加一定量浓茶的方法来对酒做最后的净化，但那样会给酒添上少许茶的味道。

（四）果　酸

酸在葡萄酒和其他果酒的酿造中具有举足轻重的作用。缺酸会使发酵的质量变差，而且会使酒带有一种“中药”的味道，饮用时平淡无味；酸过量同样会使酒艰涩难咽。不同类型的酒，其中的酸、单宁和甜度都要搭配得当，相辅相成才行。一般情况下，干型酒的酸度为 0.3％～0.7％，甜酒的酸度为 0.35％～0.45％。当然，具体加多少酸要视所用的水果而定。我们可以按酸的含量大致将水果分为以下几类：①极低酸类，包括甜菜、枣、无花果等；②低酸类，包括香蕉、果干、梨、菠萝等；③中酸类，包括苹果、杏、葡萄、樱桃、橘子、桃子和李子等；④高酸类，包括黑莓、草莓等；⑤极高酸类，包括柠檬、柚子等。

酿酒中所需要的 3 种基本果酸是酒石酸、苹果酸和柠檬酸，它们存在于包括葡萄在内的大多数水果中。一般而言，氧化型的酒需要较多的酒石酸，脱氧型的酒需要较多的苹果酸。

酸度测试可以用酸度计。但仪器比较贵，并且需要一定的培训才能掌握使用技巧。家庭酿酒最常用的方法是用石蕊试纸测试 pH 以决定酸度，简单易行并且能达到一定的准确度。自酿酒可选择测试范围 2.5～4 和 4～5.5 的两种 pH 试纸即可。一般 pH 4 左右说明酒液含有足够的酸，在 pH 3～5 这个范围内都算合格。

如果小于3说明含酸太多,高于5说明含酸太少,这两种情况都应该调整酸度。

(五)亚硫酸盐

酵母在发酵的过程中产生的SO_2,具有良好的防腐和抗氧化作用。但此过程产生的SO_2数量有限,所以酿酒者都要定期添加适量的SO_2以防止酒液腐败和氧化变质。亚硫酸盐溶入酸性的酒液中便会释放SO_2,因此亚硫酸盐可以有效地抑制有害细菌的生长。

亚硫酸盐通常有粉末和片剂两种形式。片剂就是平常所见的堪普登片,每片含亚硫酸盐约0.5克。粉末最常用的为焦亚硫酸钾和焦亚硫酸钠。

亚硫酸盐还可用于器具的消毒及水果的抗氧化作用。

(六)稳定剂

酿酒行业中所谓的"稳定",是指使酒液停止发酵或者不发酵。当酒液中的酒精含量达到预定指标后,要求酒液不再发酵;另外,也常有机会在酒液停止发酵后为调整甜度而加糖,这样很有可能使已经停止发酵的酒液重新发酵,所以我们要采取措施使酒在加糖后不发酵。最常用的稳定剂是山梨酸钾,但山梨酸钾并不会将酵母杀死,而是将酵母的繁殖活动停止。所以,一般是将山梨酸钾和亚硫酸盐一起使用,用量是每千克酒液加大约200毫克山梨酸钾与30毫克亚硫酸盐。值得指出的是,山梨酸钾无毒、无害,最大用量是每千克酒液1 000毫克,但有人对其气味和口味反应敏感,接触会引起不适感觉,所以应用上要注意。

(七)果胶酶

果胶酶是与酿造果酒有关的一种酶。在果酒酿造过程中,果胶的存在会使酒液中出现挂絮结块,虽然不会影响酒的口感和嗅感，但会降低酒的档次，而且很难使酒变清澈。所以，用富含果胶的水果酿酒时要添加一定的果胶酶以破坏果胶。

果胶酶的存在有两种形式，即液体和固体粉末。虽然固体粉末果胶酶可以比液体果胶酶保存时间更长，但它们在贮存的过程中效力会逐渐降低，所以一般在使用前再去购买，避免贮存过久(通常不要超过3个月)。一般水果加工厂都使用果胶酶，特别是在加工苹果汁、梨汁、葡萄汁和草莓汁的时候，因为它不但能改进果汁的颜色，而且还能提高果汁的产量，最多可使出汁率提高17%。果胶酶生存的最佳环境温度为21℃～60℃，超过65℃时果胶酶便失效。在上述温度区间内，温度越高，果胶酶起作用越快。虽然成熟的葡萄中基本上没有果胶，但为了增加出汁率，人们还是要用一定剂量的果胶酶。

(八)橡 木 片

好的商业葡萄酒在酿好后，一般要装入特制的橡木桶中继续陈酿，所需时间1～5年不等。其间有少量的空气透过桶壁不断进入酒中，加快酒达到最佳饮用状态的进程，同时橡木中的特殊气味也在这个过程中进入酒中，而使酒带上一种特有的橡木芳香。这个过程对红葡萄酒更为重要。然而对自酿酒来说，在前后倒桶、沉淀净化的过程中，已经给酒中引进了不少空气，这也是自酿酒比商业酒能较快达到最佳饮用状态的原因之一。再加上管理与维护方面的繁杂和费用的昂贵等原因，一般不主张自酿酒初学者使用橡木桶。那么，在不用橡木桶的前提下，怎样才能使酒又带上橡木芳香呢？方法就是，在酿造过程中使用橡木片，每5升酒用15～20克。添加方法是，将橡木片在消毒水中浸泡几分钟(这样能够洗去灰尘，并能防止有泡沫出现)，在后期发酵时加入酒中。注意，橡木片在酒中不可滞留太久，须每隔1～2天检查1次，有橡木味出现时就应该倒换桶而将其剔除。

四、干白葡萄酒酿造工艺

(一)工艺流程

二氧化碳（↓破碎、除梗）　二氧化硫（↓白葡萄汁）

葡萄→分选→破碎、除梗→分离→白葡萄汁→静置澄清→

↓（分离）皮渣

成分调整→发酵→倒桶→新干白葡萄酒→贮存、陈酿→

澄清处理→干白葡萄酒

↓（澄清处理）酒脚→蒸馏→白兰地

(二)生产技术要点

1. 葡萄汁的分离　酿造干白葡萄酒,无论使用白葡萄或使用红皮白肉的葡萄,都必须在葡萄破碎之后立即将葡萄汁与皮渣分离,取出葡萄汁进行发酵。分离越快越好,应避免浸泡和氧化,否则会使葡萄汁染色并带入过量的酚类化合物。

分离葡萄汁可使用连续式果汁分离机,分离迅速。间歇转笼式分离机可不经过破碎,直接分离出葡萄汁。小型生产或家庭生产可使用布袋压榨、木榨、筐式螺旋压榨机等。一般自流汁占50%～60%。

酿造高级白葡萄酒,一般取自流汁单独发酵,分离出葡萄汁后的皮渣,可调入一些糖液进行发酵,酿造低档干红葡萄酒。这种酒可用来调配低档葡萄酒或用来蒸馏低档白兰地。

2. 葡萄汁的澄清　刚分离的葡萄汁是很浑浊的,其中含有果胶、泥土及杂质,这对酿成的酒风味上有影响。为了酿造优质葡萄酒,葡萄汁在发酵前必须澄清。

葡萄汁的自然澄清要经过一定时间的静置存放，在此期间必须保证葡萄汁不发酵，通常采用添加适量的 SO_2 来抑制酵母作用。要使葡萄汁在 24～48 小时内不发酵，应在分离时每升葡萄汁中加入 SO_2 150～200 毫克，葡萄汁质量较差或气温较高时可适量多添加一些。

果汁中的果胶质是影响果汁澄清和风味的重要因素。分解果胶质的有效办法是在果汁中添加果胶酶，加入量一般为每升果汁中加入 0.1～0.15 克。

果汁澄清还可采用下列方法。

(1)静置澄清　果汁在静置 24～48 小时后，大部分泥土杂质会自然沉降，然后通过抽出上层清汁，换桶分离，就可得到澄清的果汁。

(2)加澄清剂　在果汁中加入明胶或蛋清，澄清后换桶分离。明胶用量一般每升加 0.1～0.15 克，蛋清用量为每 100 升加 1～2 个。要注意做小样试验和添加少量单宁。

(3)过滤澄清　利用硅藻土过滤机过滤果汁能使果汁澄清，硅藻土用量为 0.2%～0.3%，最好先用果胶酶处理，否则会因果胶含量多，而造成过滤困难。

果汁澄清后，通过换桶分离，让 SO_2 挥发，抑制作用减弱，酵母开始发酵。

3. 葡萄汁成分调整　按照理论推算，生产 1°的葡萄酒，需要 1.56% 的含糖量，而实际生产上则需要 1.7% 的含糖量。因此，按此推算，如果生产 13°的干白或干红葡萄酒，至少需要含糖量达到 22.1%以上，含糖量不足时，可用高浓度的葡萄汁或糖液进行调整。

4. 发酵控制　正常发酵时，发酵液表面布满洁白细密的泡沫，液面平稳地翻动，发出蚕食桑叶般的“沙沙”声。

发酵温度对白葡萄酒来说是很重要的，一般不应超过 28℃，优质酒要求控制在18℃～20℃，这样制得的白葡萄酒香味更好。发酵温度控制的办法要根据各自条件，选用适当方法。控制温度与果汁澄清是酿造优质白葡萄酒的两个必须条件。

5. 陈酿贮存　发酵结束2～3个月（一般在11～12月份）进行第一次换桶，将发酵后沉淀到底部的酵母、蛋白质、果胶等沉淀物分离，得到新干白葡萄酒。若新干白葡萄酒酒精含量太低，可加入少量酒精进行调整，再加入一些SO_2后转入贮存。

五、干红葡萄酒酿造工艺

（一）工艺流程

葡萄→分选、破碎、除梗→葡萄浆→成分调整→主发酵→
压榨分离→后发酵→换桶→新干红葡萄酒→贮存、陈酿→澄清处理→
干红葡萄酒
酒脚→蒸馏→白兰地
皮渣→二次发酵→分离→二次干红→蒸馏→白兰地

（二）生产技术要点

1. 葡萄浆的制备　酿造红葡萄酒要采用带皮发酵的方法，从而获得葡萄皮上的色素和芳香物质。故在葡萄破碎后不必进行果汁分离，直接采用葡萄浆发酵。在进入发酵前需加适量的SO_2，并进行糖度与酸度的调整。

2. 主发酵　破碎后的葡萄浆送入发酵容器进行发酵，一般装入量为容器的3/4～4/5，在设有压帘的容器中，以果汁浸没压帘为准。

红葡萄酒发酵时使用压帘装置，是为了防止皮渣被发酵排出的CO_2气体浮出液面（俗称酒帽），使果皮上的色素不能充分溶出。同时,可防止发酵产生的热量难以散发而使温度过高,给杂菌繁殖的机会。葡萄浆在未设置压帘的容器中发酵时,应经常将浮在表面的皮渣压入发酵醪中。

发酵开始时,先是少量气泡产生,继而会有大量的 CO_2 气体排出,液面强烈地翻滚,如沸腾一般,液温逐渐升高。

发酵温度应控制在 28℃,发酵期一般为 5～7 天。降温措施可采用内冷却、外冷却器及喷淋冷却。整个发酵过程中,应每天多次测定发酵醪的温度,注意温度变化。发酵时为了加强皮渣中色素的浸出,在发酵前期、中期应倒桶 2 次。

3. 分离与压榨 主发酵一旦结束,应迅速将酒液同皮渣分离。分离过迟,会使过多的单宁物浸入酒中,造成酒味过分苦涩。分离出的自流原酒称干红葡萄原酒。如酒度过低,可以用酒精进行调整,然后转入后发酵。

分离剩下的皮渣中还含有 10%～12%的残酒,通过压榨取出。压榨酒较浑浊,单宁含量很高,色泽深,涩味大,酒质粗糙,应单独贮存,供以后调酒使用。主发酵后的皮渣也可以加糖液进行二次发酵,发酵生成的二次干红葡萄原酒可调配普通红葡萄酒,也可以蒸馏白兰地。

4. 后发酵 后发酵的目的是利用分离时带入的少许氧(空气)来恢复一些酵母的活力,将酒中的残糖继续分解。一般后发酵之后酒中的残糖可在 2 克/升以下。后发酵时,可将容器封上口(最好用发酵栓封口),此时温度升高不太明显,发酵也较缓慢,一般 20～30 天可以结束。

后发酵结束后进行第一次换桶,分离泥土、果胶等即得新干红葡萄酒。

5. 陈酿贮存 新干红葡萄酒进行酒度调整后,加入 50～100 毫克/升的 SO_2,即可转入贮存。

六、干白、干红葡萄酒的后处理技术

(一)下胶澄清

下胶目的是促使葡萄酒澄清，增加酒的稳定性。下胶是在葡萄酒内添加一种不溶性物质，使其产生胶体沉淀物，从而使本来浮在酒中的大部分物质，包括微生物一起固定在胶体沉淀上，沉降下来，达到改善酒质的目的。

1. 下胶材料的种类与用量　下胶澄清时使用的材料有蛋清、明胶、鱼胶和干酪素等，最为常用的是蛋清和明胶。通常情况下，用量是每100升红葡萄酒用明胶15～20克、单宁0～5克；蛋清2～3个、单宁0～3克。每100升白葡萄酒用明胶10～15克、单宁5～10克；用蛋清1～2个、单宁2～6克。

2. 下胶方法

(1)蛋清法　先通过小样试验确定加入的单宁量，然后加入酒中，搅拌均匀。为促进凝聚，同时可加入10～30克食盐。将蛋清以一个方向不断地搅打，直至上面出现大量泡沫，用少量酒稀释，搅拌均匀，而后加入酒中，迅速搅拌，然后静置。最快几小时，多则1天即可出现絮状凝聚，5～7天凝聚物沉降到容器底部，上层酒液澄清，此时可着手进行分离。加入少量食盐是为了增加酒中离子的数量，增强胶体电荷的吸引作用，促进凝聚。

(2)明胶法　将应加单宁提前加入酒中，搅拌均匀。将明胶用少量清水浸泡12小时，使明胶浸透膨胀；将浸透的明胶用80℃热水溶化，制成5%～10%的胶液，加入酒中迅速搅拌均匀，然后封闭静置数小时至3天，酒中出现凝聚沉淀，待酒液澄清后，即可进行分离。

3. 下胶试验　下胶前必须先进行小样试验，以确定胶体和单宁的最佳用量。白葡萄酒含单宁较少,下胶前应特别注意添加单宁(单宁不足,会造成下胶过量,使酒更难澄清)。红葡萄酒中单宁含量高,单宁添加量可稍低。下胶应挑选气温稳定日期,否则下胶后,由于气温影响酒温,导致酒液对流,不易澄清。

(二)过 滤

过滤的目的是除去酒中的浑浊物,使浑浊的酒液通过多孔介质得以澄清。有些颗粒极小的固形物,通过下胶使颗粒凝聚后,才能取得理想的过滤效果,所以下胶与过滤往往是互相联系的。

1. 布袋过滤 这种方法可以进行粗滤,若在酒中加入0.05%硅藻土则过滤效果较好。采用此法过滤的酒因接触空气较多,故过滤后应注意添加 SO_2。

2. 压滤机过滤 常用的有板式和膜式两种。板式压滤机可使用滤纸或棉饼过滤,要求原酒较为干净。膜式压滤机可将细菌除去。

3. 硅藻土过滤机过滤 藻土是用海底藻类的化石经特殊制作而成的粉末,具有很强的吸附力。酒可用硅藻土进行粗滤,再配合纸板精滤,这是目前较先进的过滤方法。

(三)换 桶

将酒从一个容器换入另一个容器中称为换桶。其目的是为了清除葡萄酒中的沉淀物(俗称酒脚)。

换桶有定期换桶和不定期换桶两种。定期换桶一般在发酵结束,秋末冬初。春末夏初时,长期贮存的酒,每年都要在冬初和夏初进行两次换桶,经过 2～3 年后,酒就不会再有太多的沉淀。不定期换桶是根据特殊需要临时采取的,如下胶后换桶,过滤后换桶或其他原因等。

除发酵结束后换桶外,其余换桶时一定不要接触空气。因此,在换桶时，进酒口与出酒口都应投入酒中，不要抽空，也不要喷射。

(四)满　桶

满桶也是葡萄酒贮存中的一件经常性工作，这项工作就是将不满的酒桶用相同酒添满。酒液表面由于蒸发，CO_2 逸出、低温酒的容积收缩等原因形成空隙，使酒的表面与空气接触，引起氧化，特别易造成好气细菌对酒的污染。也可在桶的空间处充 CO_2 或 N_2 或添上一层高浓度酒。

当气温由低变高时，酒会膨胀而从容器中溢出，使酒损失并污染环境，此时应及时取出一部分酒。

在贮酒器上可安装玻璃栓，既能观察又能添酒。

(五)查　酒

酒在贮存过程中应经常进行检查，以便能及时发现问题并进行处理，每次检查应有记录存档。

七、甜、半甜葡萄酒的生产

甜、半甜葡萄酒是指含有一定糖分的葡萄酒，含糖量一般在40～160 克/升。甜、半甜葡萄酒可采用下列几种方法生产。

1. 发酵留糖法　发酵留糖法生产甜(半甜)葡萄酒的工艺过程与干葡萄酒的方法基本相同，不同的是要求葡萄汁的含糖量要高，以保证发酵到一定酒精含量，然后保留甜(半甜)葡萄酒所需要的糖分。主发酵后立即将酒进行巴氏灭菌。

用发酵留糖法能生产出很好的甜(半甜)葡萄酒，但在贮存管理中要求非常严格，稍不注意，就会污染杂菌，导致酒的酸败。

国内生产浓甜酒〔酒精度 18%(V/V)以上〕，常常采用加糖发酵，在主发酵后期迅速分离皮渣，并立即用葡萄白兰地或精馏脱臭酒精，强化酒精至18%(V)以上，再发酵和贮存。

获得高糖分葡萄汁的方法有下面几种。

(1)人工加糖法　在调整糖分时要注意发酵后应保留的糖分。在提高发酵醪的糖分时，应注意发酵醪含糖量过高时会形成高的渗透压，抑制酵母的生长。可采用分批添加糖的方法，在发酵开始后添加需要量的60%，待发酵中期再添加余下的40%。

(2)选用含糖高的品种　从甜(半甜)葡萄酒的质量来讲，这是一种最佳方法，能生产出典型的甜葡萄酒。例如，我国新疆葡萄，就很适合酿造甜或半甜葡萄酒。

(3)使葡萄过熟　人为地延长葡萄的采摘期，使葡萄留在树上过熟，以获得较高的糖分。使用这种方法必须注意天气预测，雨量多，葡萄易裂发霉，不宜采用此法。

(4)添加浓缩葡萄汁　这种方法是先将一部分葡萄汁进行真空蒸发而得到浓缩，然后将浓缩葡萄汁加入发酵醪中。

2. 干葡萄酒加糖配制甜葡萄酒　以干葡萄酒作为酒基，加入白砂糖配制成甜(半甜)葡萄酒，是目前我国生产甜葡萄酒的主要方法。尽管这不是一种好方法，但由于成本低，工艺简单，用此法生产的厂家较多。甜(半甜)葡萄酒配制必须综合考虑酒精含量、糖含量及总酸度的协调。配制甜(半甜)葡萄酒时一般用柠檬酸来调整酸度。可以使用焦糖进行调色。最好用染色品种葡萄汁调色。

八、葡萄酒的品尝技巧

品尝是利用人的感官了解产品的感知特征及优缺点而进行描述和打分，尽可能与已知标准或相似产品进行比较、归类和分级，做出结论性评价的一项专业性很强的工作，简而言之，要严格分清产品风格的多样性及其品质的层次性。品尝按其程度而言，又有粗略品尝与详细品尝之分。

品尝学是一门综合性的边缘学科。品尝学不孤立于与之相关的很多学科，但它不是生产工艺学的分支。例如酒的个性和等级，与其所含的成分密切相关，而这些成分则与原料、设备、生产过程的条件及物质变化过程密切相关。因此，品酒师首先应是工程师，并掌握相关的气象学、土壤学、农艺学、药材学、材料学、微生物学、化学及物理学等最基本的知识，酒类是一种奇特的食品，某些产品也可谓工艺品。因此，品酒师也应具有一些生理学、心理学、美学之类的常识。另外，每个国家对酒类的管理均较严格，定有许多法规和产品标准，并不断予以修改、补充。品酒师也需及时掌握这方面的信息。所以，将品尝学视为一门综合性的边缘学科，实在是不为过的。

（一）感官品评指标

感官品评指标通常包括“色、香、味、格”4个方面，当然产品质量的理化指标及卫生指标的某些因素，也会反映到感官品评上。严格地说，通常所说的“感官指标”，其概念是不确切的，较为正确的含义应是“感官评定指标”，简称“感评指标”，因为感官是人的感觉器官。

1. 色　实际含义包括酒的全部外观状况。

2. 香　包括闻香和口香两部分，可分为3类香气：由原、辅料带来的香气称为第一类香气，具有原料的特征。源于发酵的香气，可称为第二类香气，即发酵香。源于贮存的香气可称为第三类香气，主要氧化醇香、还原醇香及橡木桶溶出物赋予的香气。第一、第二类香气可统称为类似表香的芳香。第三类香气大多由一、二类香气转化而来，其呈现较慢，但更显清晰、馥郁、幽雅、持久，是类似底香的醇香。

3. 味　实际为口腔的全部感觉。综上所述，所谓“色、香、味”,应以“外观、香气、口感”表示较为贴切。它们分别为第一种感觉、第二种感觉及第三种感觉。

4. 格 即风格或典型性,是酒品外观及内在品质的综合反映。平时人们所指的某种酒的风格,实际上是某一类型的酒所共有的典型性。如果真是某一酒品所独有的特性,应予以注明,或称其为特有的个性,以免含糊不清,如有两种类似于孪生兄弟的酒,应将其准确无误地区分开来。

平时人们在鉴评酒时,会用“好酒、一般、不好喝”来分其层次,评价其综合“表现”。其中有些因素可从已知并确定的分析数据中找到,而未能测定的因素,可谓潜在特性,也可从品评中感受到。

(二)品酒方法与步骤

1. 视觉评价 视觉评价是品酒的第一步。主要是通过视觉来评价酒的颜色、清澈度、光泽和质地等。在此过程中握酒杯的方法很有讲究,用拇指、食指和中指从酒杯脚底盘上握住,就像单手端一盘菜那样。这样握酒杯不但很稳,而且使酒在酒杯内旋转晃动时容易操作。

人的眼睛可以分辨130～150种不同的颜色。在有意识地训练一段时间后,自然会对葡萄酒的颜色反应敏捷。如果您一眼就看出这酒颜色不正,那么这酒是好酒的可能性也就不大。好的葡萄酒应该是清澈透明,无任何悬浮物,对着光线时酒体光泽自然流畅,赏心悦目。

接着查验的是酒的质地,即判断酒液是太稀、太稠,还是恰到好处。可以稍稍用力旋转摇晃一下,然后审视酒从杯壁上流下时的状况,即所谓的“挂杯”性能。好酒在以上的视觉分析中自然会给您很好的印象,使您有“未饮先醉”的感觉。

2. 嗅觉评价 实际上嗅觉分析和品尝是葡萄酒品酒中最重要的一步。俗话说,“啤酒审评靠眼睛,葡萄酒审评靠鼻子”。在酿酒和贮存的整个期间，酒精和各种酸以及其他元素互相进行化学反应所产生的奇妙酒香就等着这一时刻被发现、被承认、被品尝。所以，一定不要让这个机会轻易失去。首先，轻微地嗅一嗅，即将酒杯在您的鼻子下面慢慢地晃一晃。能闻到果香、花香吗，飘出的酒香能使您“垂涎欲滴”吗？接下来，晃动几下酒杯后，深深地从酒杯上面吸几次。此时，您需要判断这酒有没有怪味，有没有死酵母的气味，有没有腐烂软木塞的气味，有没有人工添加过香料的痕迹。

3. 味觉评价　进行视觉、嗅觉分析的这个过程可以持续1～3分钟或者更长一点时间。大脑通过视觉和嗅觉已经在欣赏、品尝您手中的葡萄酒，但您实际上还没有亲口尝一尝，您的嘴里这阵儿一定是“口水暗流”啦。现在进行第三步，味觉分析。

人的口腔有几个味觉敏感区，它们是：①舌尖部位：对甜味最为敏感。②舌根及舌的反面：对苦味敏感。③舌的两侧：对酸味最敏感。④舌的中央及接近于舌尖的两侧：对咸味最为敏感。⑤舌的后部：对苦、酸味较为敏感。⑥辣味是舌面及口腔黏膜受到刺激后的痛感。⑦涩味是口腔黏膜的感受。

喝上满满的一口，注意体会酒入口时的感觉。入口后不要立即咽下，而是让酒在嘴里左右上下运动，以能最大限度地接触嘴里的所有味觉细胞。咽下时，注意体会酒通过咽喉时的感觉。咽下后，再仔细体会口内的余味。

现在想一想，这酒是干型、甜型还是中型；口感是浑圆滋润，还是刺口；是疏松如水，还是有实在感；单宁含量如何；是平淡无味，还是平涩适中；是烈酸冲口，还是软甜醇香。再想一想陈酿期，是适中、还是贮存期过短而使酒不够柔和，还是过久而使酒平庸暗淡。这些都是判断葡萄酒优劣的考虑因素。

品酒方式有试验室或厂内的一个人或若干人进行的半成品或成品酒的鉴评，也有各级品酒会的鉴评。有明码或暗码品评法，也可边评边讨论，各抒己见。在一般的品酒会上，将相同类型的酒编在一组。若家中有条件，也可将不同类型的酒同时进行品尝，当然应以酒度和浓度由低到高、酒龄由短到长为原则，并总结出一套行之有效的操作方法。

（四）影响品酒效果的因素

1. 外因 品酒环境。包括温度、布置、声音、空气、照明及周围人的活动状况。

2. 内因 ①身体健康状况，是否感冒或有其他不适感等。②心理因素，是否紧张或有其他不良情绪等。③品酒能力及经验。④因感官疲劳，品酒的准确度逐渐降低，会产生不良的“顺位效应”。若酒味在口腔中消失较慢，在前一杯酒样的味感尚未完全消失时，又尝下一杯酒，则会产生“后效应”。

第十三章　葡萄加工副产物的综合利用技术

全世界约有80%的葡萄用于酿制葡萄酒，7%用于加工果汁及其他葡萄产品。葡萄籽占葡萄总量的6%～9%，葡萄皮渣是葡萄酒及葡萄果汁加工的下脚料，占葡萄质量的20%，其中主要由葡萄籽和葡萄皮组成。在葡萄皮渣中，葡萄籽占65%，葡萄皮只占35%。葡萄籽含油14%～17%，其中饱和脂肪酸含量为12%～16%，不饱和脂肪酸含量为84%～88%。在不饱和脂肪酸中，油酸占15%～23%，亚油酸占65%～78%，此外还有亚麻酸和花生酸，属于半干性油脂。

葡萄籽油具有扩张血管、降低血浆胆固醇、防止动脉硬化和防止血栓形成的功能，还有一定的减肥效果。在国外，葡萄籽油主要用作婴儿和老年人的高级营养油、高空作业和飞行人员的高级保健油，近年来日益受到国内重视。

一、葡萄籽油的提取技术

葡萄籽中有价值的物质主要是葡萄籽油。目前，制备葡萄籽油的方法有超临界二氧化碳萃取法和有机溶剂萃取法。

(一)超临界二氧化碳萃取技术制备葡萄籽油

1. 工艺流程

葡萄籽→筛选→除杂→烘干→脱壳→粉碎→过筛→装料→

萃取→调压→调温→分离→葡萄籽油→包装→成品

↑

二氧化碳→液化→收集→调压→调温

2. 生产技术要点

(1)筛选、破碎、分离　葡萄皮渣烘干后用风选及筛选分离葡萄皮及泥沙等杂质,用双辊式破碎机破壳成 2～4 瓣,分离葡萄籽壳和果仁。

(2)预处理　将葡萄籽进行湿蒸处理,处理温度为 121℃,时间 20 分钟,料层厚 2～3 厘米。湿蒸完后烘干,剪切粉碎后过40～60 目筛,装料于萃取罐中。

(3)萃取　将二氧化碳从钢瓶中放出,经气体净化器进入制冷槽液化,然后由高压泵经混合器、净化器泵入萃取罐。升压至20～30 兆帕,在 35℃～50℃温度下循环提取,提取时间为 2.5～3.5 小时,二氧化碳流量为果仁质量的 15～30 倍/时。

(4)分离　萃取完成后,将溶有葡萄籽油的液体从萃取罐泵入分离系统,其条件为:第一级分离压力 12 兆帕,温度 45℃;第二级分离压力 5～5.5 兆帕,温度 40℃;二氧化碳流量为果仁质量的 15～30 倍/时。减压后二氧化碳气化,与油脂分离,从分离器经净化器进入制冷槽液化,循环使用。收集分离器底部放出的粗葡萄籽油,进行精炼,获得精制葡萄籽油。

3. 主要指标　葡萄籽油提取率≥93%,精炼油为浅黄绿色液体,无异味;相对密度(20℃)0.920,折射率(25℃)1.475,酸价 6.1

毫克 KOH/克油，碘价 136 克碘/100 克油，皂化价 190.7 毫克 KOH/克油，不皂化价＜5.9 克/千克，月桂酸含量＜0.04％，豆蔻酸含量＜0.01％，棕榈酸含量 7.12％，硬脂酸含量 3.71％，油酸含量 13.43％，亚油酸含量 72.29％，亚麻酸含量 0.92％，花生酸含量＜0.81％，过氧化值＜7.9 毫克当量/千克，水分及挥发物 0.77％，维生素 E 135 毫克/100 克油。

（二）溶剂萃取法制备葡萄籽油

1. 工艺流程

葡萄籽→烘干→粉碎→调湿→提取→浓缩→碱炼→水化→脱色→脱臭→成品油

2. 生产技术要点

（1）破碎、分离　将葡萄皮及泥沙等杂质分离后，用双辊式破碎机破壳成 2～4 瓣，分离葡萄籽壳和果仁。

（2）预处理　将葡萄籽果仁剪切粉碎后过 40～60 目筛，加入少量水进行湿蒸处理，处理温度为 121℃，时间 20 分钟，料层厚 2～3 厘米。湿蒸完后水分含量为 7％。

（3）浸出　将湿蒸果仁置于罐式浸出器中，以正己烷为溶剂，控制浸出温度为 55℃～65℃，料液比为 1∶6（克/毫升），循环浸出 3 小时。

（4）脱溶剂　浸出完成后泵出含有葡萄籽油的正己烷液体，按照萃取小麦胚芽油脂的方法回收正己烷，获得粗葡萄籽油；浸出罐内的葡萄籽粕则按照脱脂小麦胚芽粕脱溶剂的方法脱除正己烷后，用于制备葡萄籽原花青素类化合物和蛋白质等。

大规模浸出葡萄籽油，采用平转式浸出器，其主要步骤如下。

第一，破碎、分离。葡萄籽除杂质后用破碎机破碎为 2～4 瓣，置于软化锅中，加入 18％～20％的水进行软化，软化温度为 85℃，时间 40～45 分钟。

第二，浸出。软化后用轧坯机轧坯片，使坯片的厚度在0.4～0.5毫米，送入平板烘干机烘去部分水分，使葡萄籽坯水分控制在12%以下。然后使用平转浸出器，以6号溶剂或正己烷为萃取剂，在溶剂比为1∶1.2、温度55℃～65℃下浸出90分钟。

第三，脱溶剂。将混合油泵入蒸发器进行脱溶，获得葡萄籽毛油；葡萄籽粕则送入蒸汽脱溶机脱溶，脱溶料底层温度104℃，气相温度80℃～85℃，料层高0.8～1米。脱溶粕用于制备葡萄籽原花青素类化合物、蛋白质等。

浸出葡萄籽油也可采用先压榨、再萃取的组合方式，获得高出油率及低残油的葡萄籽粕，便于深加工。先压榨、再萃取制备葡萄籽油组合方式的主要步骤如下。

第一，软化、炒坯。用辊式破碎机破碎葡萄籽后投入软化锅中，加入籽重约15%的软水，在65℃～70℃保温40分钟，使籽软化。然后移入平底锅于110℃炒坯20分钟，直至水分降低至8%～10%时为止。

第二，压榨。立即压饼，然后将油饼堆垛后趁热装入榨油机，此时饼温约为100℃，保持室温在35℃左右进行粗榨，然后用纱布过滤，获得葡萄籽毛油。

第三，浸出、脱溶剂、精炼。将粗榨油饼利用平转浸出器或浸出罐浸出残余油脂，加入脱溶剂后分别获得葡萄籽毛油及脱脂葡萄籽粕，合并葡萄籽毛油后精炼制成精制葡萄籽油。

3. 主要指标 残留溶剂≤10毫克/千克，含水率≤0.1%，含杂率≤0.1%，过氧化值<5毫克当量/千克，葡萄籽粕中残油率<2%，粕中残溶≤50毫克/千克。

二、葡萄籽油的精炼技术

(一)工艺流程

葡萄籽毛油→脱胶→碱炼→水洗→脱色→过滤→脱臭→静置沉降→特色过滤→精致成品油

(二)生产技术要点

1. 脱胶　将葡萄籽毛油于皂化锅中升温至50℃～55℃,加入0.5%～0.7%的沸腾食盐水搅拌处理约15分钟,其用量为油重的15%～20%。静置6～8小时,弃下层水相,然后升温至105℃～110℃,搅拌脱水后进行碱炼。

2. 碱炼　向皂化锅夹层通入冷凝水,将脱水油降温至30℃～35℃,先加入总加碱量20%～25%、浓度15%～20%的碱液,在60转/分搅拌下至锅中油脂泡沫落下时,再加入剩余的75%～80%碱液,升温至80℃左右,继续搅拌30分钟,加碱量和碱液浓度应根据毛油酸价确定。保温静置,使皂脚与油脂分离。

3. 水洗　将下层皂脚放出,上层脱酸油脂泵入水洗锅中,在搅拌下喷洒入80℃～85℃软水,喷洒水量为油重的10%～15%,处理15～30分钟后静置分层。放出下层水相,再次加入同体积、同温度软水,同法处理数次,直至放出的洗涤液呈中性时止。然后升温至95℃～105℃,保持10～15分钟,使水分蒸发完毕。

4. 脱色　降低油脂温度至80℃～95℃,加入4%左右的活性白土与活性炭混合脱色剂,搅拌处理30分钟,板框过滤,收集滤过液,即为脱色油。

5. 脱臭　将脱色油泵入脱臭锅中,夹层升温至95℃～105℃,喷入直接蒸汽,在真空度为800～1 000帕下处理4～6小时。冷却后获得精制葡萄籽油。

(三)主要指标

酸价0.35毫克KOH/克,水分0.021%,碘价80~106克碘/100克油,杂质0.01%,过氧化值0.0187%,折射率(20℃)1.476,相对密度(20℃)0.92,烟点≥210℃,加热试验280℃时油色不变,无析出物。

也可以采用低温碱炼法精制葡萄籽油,低温碱炼法精制葡萄籽油的主要步骤如下。

1. 脱水 将油温升至60℃~65℃,搅拌下在15分钟内加入水温为70℃左右的热水,加水量为油中磷脂含量的3.5倍,继续搅拌直至胶质明显析出时为止。静置沉淀6~8小时,后分离上层油相,弃下层水相。

2. 皂化 测定脱胶油酸价,计算出耗碱量及碱液浓度。将脱胶毛油降温至30℃~35℃,在搅拌下于15分钟内加完全部碱液。然后升温至60℃~70℃,当皂粒明显析出后,静置6~8小时,然后放出下层皂脚,分离出上层脱酸油脂并泵入水洗锅中。

3. 水洗 升温至80℃左右,加入与油同温的软水进行洗涤,每次用水量为油重的10%~15%,加完水后静置1小时左右,放掉废水。根据情况洗涤1~3次。

4. 干燥 洗涤后的油中含有0.5%左右的水分,应进行干燥处理。将油脂置于真空度为8千帕的脱色锅内,于90℃~105℃下进行真空脱水,直至锅内无气雾时为止。

5. 脱色 将油温继续升至90℃左右,加入活性白土与油充分搅拌混合,白土加入量为油重的3%~5%,脱色30~40分钟。脱色完毕后将油冷却至70℃以下,然后解除真空,将油泵出,进行板框过滤,分离白土,获得脱色油脂。

6. 脱臭 将脱色油吸入脱臭锅中,保持锅内真空度为1.3千帕以下，温度为170℃～180℃，脱臭3～8小时。脱臭完毕将油冷却至70℃以下，泵出再次过滤，获得精制脱臭油。

7. 冬化　精制脱臭油低温静置存放7～10天，使蜡质、糖脂析出，然后用NF特色油过滤机进行过滤，获得晶莹剔透的葡萄籽油。

另外，也可采用低温下加尿素形成脲—蜡包的方式脱蜡。方法是在12℃左右的精制脱臭油中缓缓加入1.5%～1.6%的尿素溶液，在以60～70转/分的速度搅拌15分钟后，再次冷冻处理48小时，最后取上层油脂过滤后获得精制葡萄籽油。

三、葡萄皮红色素的提取技术

葡萄皮色素为天然红色素，pH<5时为红色，pH>5时为紫色。作为高级酸性食品着色剂，应用于果冻、果酱和果汁饮料着色，着色力强，效果好，用量为0.1%～0.3%。新鲜葡萄皮中红色素含量占4%左右，葡萄皮红色素溶解于甲醇、乙醇水溶液，可用50%～80%的醇溶液提取。

(一)工艺流程

葡萄皮→干燥→粉碎→葡萄皮粉→乙醇提取→浓缩→沉淀→过滤→溶解→过滤→浓缩→干燥→葡萄皮红色素

(二)生产技术要点

1. 粉碎　葡萄皮用纯净水洗净，80℃烘干8～12小时后粉碎，过80目筛，获得葡萄皮粉末。

2. 回流提取　向葡萄皮粉末中加入7倍质量、pH 2～4的60%～80%乙醇-柠檬酸提取液，于60℃～80℃下回流提取70分钟。过滤，收集滤液，滤渣同法再次提取70分钟。再次过滤，收集合并滤液用于制备精制葡萄皮红色素。

3. 浓缩 将过滤液进行真空减压浓缩，浓缩温度为90℃～95℃，真空度－0.08～－0.06兆帕，获得浓缩液。

4. 沉淀 在搅拌下缓慢向浓缩液中加入乙酸铅溶液，溶液加入量为浓缩液体积的5%～8%，直至无沉淀析出时为止。过滤，收集滤渣，用纯净水反复洗涤3～5次，再进行真空抽滤，获得葡萄皮红色素-铅沉淀。

5. 精制、干燥 将该沉淀用酸性乙醇溶液溶解，溶液中产生氯化铅白色沉淀，酸性乙醇溶液的配制方法是100份无水乙醇中加入8份浓盐酸。过滤，收集滤液，用氢氧化钠调节pH 3～4，进行真空减压浓缩，浓缩条件同前，获得浓缩液。然后在80℃下干燥10～12小时或进行喷雾干燥，获得葡萄皮红色素产品。

(三)主要指标

葡萄皮红色素收得率为3.2%～3.5%，1%水溶液pH 3～4。

四、葡萄皮原花青素的提取技术

葡萄果皮中含有20%～50%的多酚类物质，是制备原花青素类化合物的良好材料。

(一)工艺流程

葡萄皮→干燥→粉碎→葡萄皮粉→乙醇提取→浓缩→乙酸乙酯萃取→浓缩→沉淀→过滤→干燥→葡萄皮原花青素

(二)生产技术要点

1. 干燥、提取 将葡萄皮干燥后粉碎，过40目筛网，然后加入6～9倍的50%～70%乙醇，在70℃～90℃下回流提取30～60

分钟。过滤，收集滤液。滤渣同法再次浸取一次。

2. 浓缩　过滤，收集合并滤液，减压浓缩，回收乙醇，浓缩温度为90℃～95℃，真空度－0.08～－0.06兆帕，获得浓缩液。

3. 萃取分离　将浓缩液置于萃取器中，按照浓缩液：乙酸乙酯为1：1～2的比例，加入乙酸乙酯进行萃取10～15分钟，然后静置30～60分钟，放出上层乙酸乙酯相，再次加入乙酸乙酯，同法萃取2次。合并上层乙酸乙酯相，用于制备葡萄皮原花青素。下层清液则用于制备葡萄皮红色素。

4. 浓缩　将溶解有葡萄皮原花青素的乙酸乙酯相进行减压浓缩，浓缩温度为90℃～95℃、真空度－0.08～－0.06兆帕，获得浓缩液。

5. 沉淀　向浓缩液中加入等体积二氯甲烷或石油醚沉淀低聚体，过滤，收集沉淀进行真空干燥，干燥温度为60℃～70℃，真空度低于－0.06兆帕，干燥5～8小时，获得葡萄皮原花青素粉末。

6. 吸附　向下层萃取液中加入HZ-803吸附树脂，搅拌下吸附其中的红色素，树脂加入量为萃取液体积的1/20～1/10，处理30分钟后过滤。

7. 洗脱　弃滤液，收集树脂，用8～10倍树脂质量的75%～90%乙醇分3次洗脱，每次洗脱时间30～45分钟，收集洗脱液，用于制备葡萄皮红色素；洗脱红色素后的吸附树脂可再次使用。

8. 浓缩、干燥　将洗脱液进行减压浓缩，然后进行真空干燥，浓缩、干燥条件同前，获得葡萄皮红色素。

(三)主要指标

葡萄皮多酚收得率为36%～38.4%，葡萄皮红色素收得率为5.2%～5.9%。

五、葡萄皮白藜芦醇的提取技术

葡萄皮中富含一种多羟基类化合物——白藜芦醇，其含量为21～25毫克/100克干葡萄皮。白藜芦醇属单宁质多酚，具有降血脂、抗血栓、预防动脉硬化、增强免疫能力等重要生理活性，是一种极具开发价值的天然活性物质。

(一)工艺流程

干葡萄皮→粉碎→葡萄皮粉末→乙酸乙酯萃取→浓缩→上柱吸附、洗脱→浓缩→过滤→白藜芦醇

(二)生产技术要点

1. 提取、粗浓缩 将葡萄皮干燥，粉碎，过40目筛，然后用40倍的乙酸乙酯分数次提取，提取温度为60℃～80℃，每次提取40分钟，提取率为0.11%。提取完成后过滤，收集滤液进行真空浓缩，浓缩条件为温度90℃～95℃、真空度－0.08～－0.06兆帕，获得浓缩液。

2. 纯化 将浓缩液上硅胶柱，然后用80%甲醇洗脱，洗脱液流速为1～2倍硅胶柱体积/时，用量为硅胶柱体积的6～8倍。

3. 浓缩 收集洗脱液，进行真空浓缩，浓缩条件同乙酸乙酯，获得浓缩液。最后将浓缩液进行精密过滤，收集滤液，即为葡萄皮白藜芦醇浓缩液。

(三)主要指标

葡萄皮白藜芦醇收得率54.38%，其中白藜芦醇含量为15.2%。

六、葡萄皮中酒石酸的提取技术

葡萄皮中含有2%～2.5%的酒石酸，酒石酸为多羟基有机酸，又名2,3-二羟基丁二酸，主要用于制备医药、媒染剂、鞣剂等精细化工产品。

（一）工艺流程

葡萄皮→酸化浸提→调糖、酒母→发酵液→酒精蒸馏→钙盐中和→过滤分离→沉淀→溶解→酒石酸溶液→脱色→浓缩→结晶→酒石酸晶体

（二）生产技术要点

1. 提取　取榨汁后的葡萄皮，加入其2.5～3倍、温度为80℃～85℃的热水，在搅拌下加入硫酸，调节其pH 4～5，保温浸提4小时。

2. 发酵　过滤，收集滤液。滤渣再次用相同方法提取、过滤，收集滤液并与第一次滤液合并。向滤液中加入葡萄糖，按照发酵常规要求调整好糖度，接入酒母进行乙醇发酵，到达终点后蒸馏出酒精，酒糟加入1.5～2倍的55℃～60℃温水，搅拌均匀后静置过夜。

3. 分离　翌日离心，收集清液备用。滤渣干燥后用于提取葡萄籽油，提油后的滤饼再提取单宁，最后再磨碎筛分，作为蛋白饲料添加剂。

4. 中和沉淀　将滤液升温至90℃～95℃，搅拌下加入过100目筛的碳酸钙或石灰粉末，中和至pH为7时止。然后静置过夜。翌日将上层清液泵入另一容器，在充分搅拌下加入定量氯化钙，加完后继续搅拌15～20分钟，静置4小时以上，收集沉淀并与前面的沉淀合并。

5. 烘干 向沉淀中加入1～2倍冷水，搅拌洗涤10分钟，放置30分钟，仔细虹吸出上层清液，一共洗涤3次，用甩干机甩干，然后于80℃下迅速烘干。

6. 溶解 将烘干的沉淀用2～4倍水分散，加入硫酸，溶解酒石酸，生成硫酸钙。然后静置数小时，离心，收集上清液。沉淀用水洗涤2～3次，同法过滤并收集滤液。

7. 脱色、精制、干燥 合并滤液，用活性炭或脱色树脂脱色，再经浓缩、冷却析晶、重结晶等工序处理，获得纯白色结晶性粉末，最后在65℃下烘干获得右旋酒石酸成品。

也可以用氯型阴离子交换树脂从发酵液中直接交换酒石酸，然后用氯化钠洗脱，获得酒石酸钠产品。

(三)主要指标

纯白色结晶性粉末，各项指标符合进口右旋酒石酸的要求。

七、葡萄皮提取果胶的技术

(一)工艺流程

葡萄皮→干燥→粉碎→葡萄皮粉→热水、酸液浸提→浓缩→加乙醇→沉淀→过滤→干燥→葡萄皮果胶

(二)操作要点

1. 提取 取定量干燥白葡萄皮，粉碎后过40目筛，用热水洗涤除去糖、有机物等。然后加入5倍酸液在80℃下浸提6小时。过滤，收集滤液和滤渣，再次向滤渣中加入酸液同法提取1次。酸液配制方法是：用盐酸调节蒸馏水pH为1.3～2.3，3 000转/分，离心10分钟。分别收集、合并滤液和滤渣。

2. 浓缩　将滤液于55℃下进行真空减压浓缩，直至有5%～8%的固形物析出为止。将浓缩液冷却至常温，然后加入无水乙醇沉淀，直至沉淀液中乙醇浓度达到55%～60%时为止。3 000转/分，离心10分钟，收集上清液回收乙醇；沉淀置于布氏漏斗上进行真空抽滤，获得果胶沉淀。然后将沉淀烘干获得果胶。

3. 干燥　向收集的滤渣中加入3倍体积的丙酮，室温下静态浸取24小时左右。过滤，滤渣用丙酮洗涤后合并滤液，真空浓缩回收丙酮，直至有固形物产生。过滤，滤渣于50℃～60℃干燥5～8小时，然后粉碎至60目或进行喷雾干燥，获得墨绿色色素。

(三)主要指标

果胶收得率0.9%～1.4%，为灰白粉末，水分5.1%，灰分6.3%，pH(4%)3～3.2，果胶酸74.1%，甲氧基7.36%，酯化度45.15%，凝胶度145°～220°。

八、葡萄皮饮料的生产技术

葡萄酒加工副产物——葡萄皮中含有丰富的营养物质，可以用来生产饮料。

(一)工艺流程

葡萄皮渣→葡萄皮→浸提→过滤→混合→调配→过滤→灭菌→灌装→封口→成品

(二)操作要点

1. 取汁　取酿酒分离的葡萄皮渣，干燥后分离出葡萄皮，加入5～7倍1%柠檬酸水溶液，在70℃下搅拌浸提1小时，过100目滤布，收集过滤浸提液，获得葡萄皮汁。

2. 浸提 将分离的葡萄籽置于提取罐中，加入其质量5～7倍的蒸馏水，升温至95℃，在搅拌下浸提3小时。过滤，获得葡萄籽浸提液。

3. 调配 将葡萄皮汁、葡萄籽浸提液按20∶1的比例混合，加入蔗糖，调节糖酸比为16.8∶1，再加入适量香精等搅拌均匀。

4. 过滤 向调配好的混合液中加入0.03%皂土澄清剂，搅拌均匀后进行澄清处理，然后泵入硅藻土过滤机进行循环过滤，直至滤过液澄清时进行收集，获得过滤澄清汁液。

5. 灭菌、灌装 澄清汁液经高温瞬时灭菌器于95℃灭菌15秒钟，然后迅速冷却到40℃以下进行无菌灌装，获得葡萄皮饮料。

(三)主要指标

产品为鲜亮紫红色，色泽均匀一致，酸甜可口；总酸度(以柠檬酸计)≥0.8%，可溶性固形物含量为13.5%。

九、葡萄皮天然保健饮料的生产技术

葡萄皮占整个葡萄果实质量的8%～10%，其中含有白藜芦醇，葡萄皮红色素和大量葡萄风味物质，可以单独制备天然保健饮料。

(一)工艺流程

葡萄皮→酶解→打浆→过滤→胶体磨→调配→均质→脱气→灌装→封盖→灭菌→冷却→成品

(二)操作要点

1. 水解 取新鲜葡萄皮加入4倍水，于50℃下加入纤维素酶水解1.5～2小时，调节水解液pH 3.5，然后加入0.02%异抗坏血酸钠盐、0.07%十二烷基磺酸钠、0.15%柠檬酸混合均匀。

2. 细磨　用打浆机将水解液打浆 10～15 分钟，粉碎葡萄皮，过滤 100～120 目筛，然后再用胶体磨研磨。

3. 调配　取胶体磨研磨的果浆 40 份、白糖 5 份、蜂蜜 2 份、复合稳定剂 0.12 份、异抗坏血酸钠盐 0.04 份、香草香精等适量，最后加水定容至 100 份。

4. 均质　将混合液搅拌均匀后进行高压均质，均质压力为 30～40 兆帕，温度为 60℃～70℃，接着进入真空脱气机脱气，温度为 35℃～40℃，真空度为－0.09 兆帕，时间为 20～25 分钟。

5. 灌装、灭菌　脱气后立即泵入连续自动灌装机进行灌装，将饮料装入茶色瓶，然后真空封口，最后用 80℃～85℃水浴灭菌 10～15 分钟，获得葡萄皮天然保健饮料。

(三)主要指标

紫红色鲜亮澄清液体，有葡萄特有香气，酸甜适口；固形物含量≥10％，酸度≥0.34％，重金属及微生物指标合格。

十、葡萄皮酿造香醋的技术

葡萄皮中含有类黄酮、黄酮醇、花青素和可溶性单宁等，以其酿造的香醋极具保健作用，能开胃健脾、解腥去湿、滋润皮肤、降脂美容等，是一种值得开发的新型保健食品。

(一)工艺流程

玉米→粉碎→混合→润料→蒸煮→冷却→制醅→入池→酒精发酵→乙酸发酵→后熟→淋醋→加热灭菌→灌装→成品
↑
葡萄皮

(二)生产技术要点

1. 预处理 将玉米用钢磨进行粉碎,过70目筛。将玉米、麸皮、醋渣按5∶4∶16的配比搅拌均匀,加入到旋转蒸锅中,边入锅边加水,加完水后封盖,旋转润料30分钟后再静润料3小时。接着进行蒸煮,蒸煮压力1.4～2千克/厘米^2,时间25～30分钟。

2. 制醅 蒸煮完成后放料摊开冷却,待料温降至34℃左右时,把耐高温酒精活性干酵母麸曲等添加物均匀地撒在上面,麸曲用量为7%～10%。反复搅拌均匀后用扬醅机输送入池,入池温度约为30℃,水分含量为63%左右。

3. 酒精发酵 将入池醅料平整压实,立即用塑料布密封,酒精发酵3～4天时均匀拌入葡萄皮20份,继续进行酒精发酵2～3天,转入乙酸发酵。

4. 乙酸发酵 酒精发酵结束后,揭去塑料布,拌入乙酸菌及部分谷糠,翻拌均匀后盖上席盖于35℃进行发酵。待醅温达到36℃～38℃时进行第一次翻醅,以后每天倒池1次,以调节温度和供给氧气。翻醅3～5次后发酵温度宜控制在36℃～38℃,继续进行后期发酵,此阶段宜保持醅温在32℃～34℃。经常测定醋醅中的含酸量,待其基本稳定及酒精含量甚微时,及时加入3%～5%的食用盐,抑制乙酸菌生长繁殖和酶活性,防止乙酸过度氧化。再翻糟处理2～3天,促进后熟,增加色泽与香气,提高葡萄香醋的风味与品质。

5. 淋醋 后熟完成后用二次醋淋出头次醋,三次醋淋出二次醋,清水淋出三次醋。浸渍淋醋时间3～12小时。

6. 调配、灌装 向生醋中加入100毫克/千克尼泊金乙酯和丙酯混合物,加热至80℃,保持20～30分钟,然后灌装入已清洗、消毒的玻璃瓶中,再密封、贴标,获得成品。

(三)主要指标

棕红色液体,有和谐的酯香和葡萄香气,无其他不良气味;酸味柔,微有甜味;总酸(以乙酸计)≥4.5 克/100 毫升,还原糖(以葡萄糖计)≥1 克/100 毫升,氨基酸态氮(以氮计)≥0.08 克/ 100 毫升,无游离矿酸;黄曲霉毒素≤5 毫克/千克,尼泊金乙酯和丙酯混合物≤0.1 毫克/千克,重金属及微生物含量符合指标要求。

十一、葡萄皮发酵饲料的生产技术

用菌种处理葡萄皮,使纤维素由 23%降低至 15%以下,蛋白质由 12%增加至 25%以上。成为动物能吸收利用的糖和多肽。以 7%的葡萄皮发酵饲料代替饼粕和麸皮喂蛋鸡、以 25%代替饼粕和麸皮喂猪,均取得了显著的效果。

(一)工艺流程

葡萄皮→晒干→过筛→加麦芽粉、麸皮→混合均匀→发酵培养→干燥→成品

菌种→种子培养→扩大培养(→混合均匀)

(二)生产技术要点

1. 粉碎　将葡萄皮晾晒后,用旋片式粉碎机粉碎后过 40 目筛,备用。

2. 制备培养基　分别按微生物培养要求配制马铃薯种子培养基和麦芽汁种子培养基,用葡萄皮、麦芽粉、麸皮配制扩大培养基和生产培养基。

3. 种子发酵　在无菌条件下,将菌种 A_1 和 A_2 分别接种于马

铃薯培养基斜面上，菌种 A_3 接种于麦芽汁培养基斜面上，恒温28℃培养48小时。

4. 扩大发酵 将培养好的微生物取出，用定量无菌水分散，然后各取2毫升，分别接种于扩大培养基上28℃条件下培养72小时。

5. 生产发酵 将3种生产培养基灭菌后，加入3%～4%尿素，控制其含水量为60%、pH 5.5，混合均匀后分别混入扩大培养的培养物接种，培养物混入量为3%～5%。再次混合均匀，然后在30℃～33℃条件下培养72小时，获得葡萄皮发酵饲料。

(三)主要指标

葡萄皮发酵饲料的主要成分有粗脂肪4.27%，粗蛋白质29.96%，粗纤维13.88%，灰分6.86%，钙0.53%，磷0.99%。